管道工程承包商 HSE 培训系列教材

高风险作业

中国石化管道储运有限公司　编

中国石化出版社

图书在版编目（CIP）数据

高风险作业/中国石化管道储运有限公司编.
—北京：中国石化出版社，2018.5（2024.1重印）
管道工程承包商 HSE 培训系列教材
ISBN 978 - 7 - 5114 - 4875 - 0

Ⅰ.①高…　Ⅱ.①中…　Ⅲ.①石油管道 - 管道施工 -
技术培训 - 教材　Ⅳ.①TE973.8

中国版本图书馆 CIP 数据核字（2018）第 081271 号

中国石化出版社出版发行
地址：北京市东城区安定门外大街 58 号
邮编：100011　电话：（010）57512446
发行部电话：（010）57512575
http://www.sinopec-press.com
E-mail：press@ sinopec.com
北京捷迅佳彩印刷有限公司印刷
全国各地新华书店经销
*
710毫米×1000 毫米 16 开本 10.5 印张 158 千字
2018 年 5 月第 1 版　2024 年 1 月第 2 次印刷
定价：15.00 元

《管道工程承包商 HSE 培训系列教材》
编写组织机构

一、编写委员会

总策划：张惠民

主　任：王国涛

副主任：孙兆强　司刚强

委　员：吴海东　李亚平　曹　军　潘德勇　张建良　杨光发
　　　　仇李平　张保坡

二、审核

主　审：司刚强　吴海东

参　审：李亚平　曹　军　潘德勇　张建良　杨光发　仇李平
　　　　李　中　张保坡　郭联社　徐　莉　刘　伟　龙永光
　　　　葛　军　程春涛　龚　乐

三、编辑部

主　编：仇李平

副主编：李　中

成　员：张保坡　郭联社

前　言

　　为提高承包商安全意识和 HSE 管理水平，预防和减少事故发生，中国石化管道储运有限公司（以下简称"管道公司"）于 2016 年 2 月启动了本教材的组织编写工作，系统地梳理了中国石化集团公司和管道公司对承包商 HSE 方面的管理要求，以及国家相关法规，以规范管道工程承包商的培训和取证工作。

　　《管道工程承包商 HSE 培训系列教材》为管理类型的教材，引用了中国石化建设项目 HSE 管理程序和中国石化建设项目 HSE 作业指导书的部分内容，重在介绍管道公司的承包商在 HSE 管理上应当做什么、应当怎么做。本着以案说法的要求，本系列教材《高风险作业》和《施工作业》中每章均有相应的案例及分析，并且尽量做到引用管道公司承包商的事故案例，在管道公司没有相关案例的情况下，选用中国石化及其他的典型案例。为方便教材的使用，全书共分五册。其中，第一册为《安全基础》，第二册为《施工准备》，第三册为《施工过程管理》，第四册为《高风险作业》，第五册为《施工作业》。

　　《管道工程承包商 HSE 培训系列教材》由中国石化管道储运有限公司南京职工培训中心（以下简称"南京培训中心"）负责组织编写，主编：仇李平（南京培训中心），副主编：李中（南京培训中心），参加编写的人员有：张保坡（安全环保监察处）、郭联社（项目管理中心）；本教材已经管道公司安全环保监察处、项目管理中心和南京培训中心审定通过，主审：司刚强、吴海东，参加审定的人员有：李亚平、曹军、潘德勇、张建良、杨光发、仇李平、李中、张保坡、郭联社、徐莉、刘伟、龙永光、葛军、程春涛、龚乐。

由于本教材涵盖的内容较多，编写难度较大，加之编写时间紧迫，不足之处在所难免，敬请各使用单位及个人对本教材提出宝贵意见和建议，以便教材修订时补充更正。

目 录

第1章 用火作业

1.1 定义

用火作业是指在具有火灾、爆炸危险场所内进行的涉火施工作业。包含以下内容：

（1）气焊、电焊、铅焊、锡焊、塑料焊、铝热焊等各种焊接作业及气割、等离子切割机、砂轮机、磨光机等各种金属切割作业。

（2）使用喷灯、液化气炉、火炉、电炉等明火作业。

（3）烧（烤、煨）管线、熬沥青、炒砂子、铁锤击（产生火花）物件，喷砂和产生火花的其他作业。

（4）输油管线密闭开孔作业。

（5）罐区和防爆区域连接临时电源并使用非防爆电器设备和电动工具。

（6）使用雷管、炸药等进行爆破作业。

1.2 用火作业安全管理

用火作业安全管理包括用火作业分级、用火作业安全管理原则、用火作业的危害识别、用火方案的编制与审批、人员职责、用火作业申请、"管道储运有限公司用火作业许可证"（以下简称"许可证"，见表1-1、表1-2）的办理及有效期限、用火作业安全措施、抢修（险）用火、许可证管理等。

表1-1 管道储运有限公司用火作业许可证（特级、一级）

作业证编号：　　　　　　　　　　　　　　　　　　第＿＿＿联/共＿＿＿联

申请单位				申请人	
会签单位					
用火部位及内容		施工用火作业单位		施工用火作业单位联系人	
用火人			特殊工种类别及编号		
监护人及证号			监护人员岗位（工种）		
采样检测	检测时间				
	采样点				
	可燃气体检测结果				
	其他气体检测结果				
	检测人				
用火时间		年 月 日 时 分至 年 月 日 时 分			

序号	用火主要安全措施	确认人签字
1	开展JSA风险分析，并制定相应作业程序和安全措施	
2	用火设备内部构件清理干净，蒸汽吹扫或水洗合格，达到用火条件	
3	断开与用火设备相连接的所有管线，加盲板（ ）块	
4	与用火点直接相连的阀门上锁挂牌	
5	用火点周围（最小半径15m）的下水井、地漏、地沟、电缆沟等已清除易燃物，并已采取覆盖、铺沙、水封等手段进行隔离	
6	罐区内用火点同一围堰内和防火间距内的油罐不得进行脱水作业	
7	罐区内油罐用火，相邻罐没有清油作业	
8	作业坑符合要求，或相应的安全措施到位	
9	高处作业应采取防火花飞溅措施	
10	清除用火点周围易燃物、可燃物	
11	电焊回路线应接在焊件上，把线不得穿过下水井或与其他设备搭接	
12	乙炔气瓶（禁止卧放）、氧气瓶与火源间的距离不得小于10m	
13	现场配备消防蒸汽带（ ）根，灭火器（ ）台，铁锹（ ）把，石棉布（ ）块	
14	视频监控已落实	

续表

序 号	用火主要安全措施		确认人签字
15	其他补充安全措施		

相关单位会签意见	基层站队业务管理人员意见	基层站队领导审批意见
年 月 日	年 月 日	年 月 日
生产（管道）、消防部门（单位）意见	安全监督管理部门意见	许可证签发人审批意见
年 月 日	年 月 日	年 月 日

完工验收	年 月 日 时 分	签名	

表1-2 管道储运有限公司用火作业许可证（二级）

作业证编号： 第____联/共____联

申请单位			申请人	
会签单位				
用火部位及内容		施工用火作业单位	施工用火作业单位联系人	
用火人		特殊工种类别及编号		
监护人及证号		监护人员岗位（工种）		
采样检测	检测时间			
	采样点			
	可燃气体检测结果			
	其他气体检测结果			
	检测人			
用火时间	年 月 日 时 分至 年 月 日 时 分			

续表

序　号	用火主要安全措施	确认人签字
1	开展 JSA 风险分析，并制定相应作业程序和安全措施	
2	用火设备内部构件清理干净，蒸汽吹扫或水洗合格，达到用火条件	
3	断开与用火设备相连接的所有管线，加盲板（　　）块	
4	与用火点直接相连的阀门上锁挂牌	
5	用火点周围（最小半径 15m）的下水井、地漏、地沟、电缆沟等已清除易燃物，并已采取覆盖、铺沙、水封等手段进行隔离	
6	罐区内用火点同一围堰内和防火间距内的油罐不得进行脱水作业	
7	罐区内油罐用火，相邻罐没有清油作业	
8	作业坑符合要求，或相应的安全措施到位	
9	高处作业应采取防火花飞溅措施	
10	清除用火点周围易燃物、可燃物	
11	电焊回路线应接在焊件上，把线不得穿过下水井或与其他设备搭接	
12	乙炔气瓶（禁止卧放）、氧气瓶与火源间的距离不得小于 10m	
13	现场配备消防蒸汽带（　　）根，灭火器（　　）台，铁锹（　　）把，石棉布（　　）块	
14	视频监控已落实	
15	其他补充安全措施	

相关单位会签意见	基层站队业务管理人员意见	基层站队安全、消防管理人员意见	基层站队领导审批意见
年　月　日	年　月　日	年　月　日	年　月　日
完工验收	年　月　日	签名	

1.2.1 用火作业分级

1.2.1.1 特级用火作业

（1）原油罐、燃料油罐、污油罐、含油污水罐的用火，或固定于燃料油罐、污油罐、含油污水罐上的设施（如扶梯、接地极等）用火。

（2）退出运行清罐后的原油罐、燃料油罐、污油罐、含油污水罐首次用火。

（3）防火堤内，油气管线用火，或含有油气的设备设施用火，或与油罐相连的管线、设备设施用火。

（4）带有可燃或有毒介质的管线及设备设施，采取吹扫、清洗、置换并进行隔离措施（如断开、安装盲板、砌筑黄油墙等）后的用火。

（5）受限空间内，油气管线用火，或含有油气的设备设施用火。

（6）外管道封堵、换管（阀）用火。

（7）当日 20 时至次日 8 时期间的一级用火升级为特级用火管理。

1.2.1.2 一级用火作业

（1）防火堤内，未与油罐相连且不含油气的管线及设备设施用火。

（2）生产区域内，含有油气的管线穿孔正压补漏用火，或含有油气的管线及设备设施的外表层补强焊接等明火作业。

（3）可能产生油气的受限空间内，不含油气的管线及设备设施用火。

（4）输油管线密闭开孔作业。

（5）经清洗后的含油污水池首次用火。

（6）焊割盛装过油、气及其他易燃易爆介质的桶、箱、槽、瓶用火。

（7）铁路槽车原油装卸栈桥、汽车罐车原油灌装油台及卸油台用火。

（8）润滑油品、易燃物品仓库区域内的用火。

1.2.1.3 二级用火作业

（1）输油站、油库计量标定间、计量间、阀组间（区）、仪表间及原油、燃料油、污油（水）泵房、非油气管线用火，或不含油气的设备设施用火。

（2）生产区域内带有油气的管线及设备设施喷砂除锈。

（3）外管道焊接三通用火。

（4）外管道腐蚀（未穿孔）补强用火。

（5）制作和防腐作业，使用有挥发性易燃介质为稀释剂的容器、槽、罐等用火。

（6）退出运行清罐后的原油罐维修期间的用火：

①非首次用火。

②星期六、星期日的用火。

③经吹扫、处理、检测合格，并与系统采取有效隔离、不再释放有毒有害、可燃气体的油罐内大修和喷砂防腐作业用火。

④对用火区域采取了有效安全隔离措施。

⑤二级单位和属地输油站（油库）对火灾、爆炸危险性进行风险评估，经二级单位安全监督管理部门和生产管理部门审核、分管生产的处级领导批准。

⑥用火作业许可证有效时间不超过 8 个小时。

⑦二级单位安全监督管理部门和生产管理部门每周至少抽查 1 次，确认用火作业的安全措施完全落实到位。

（7）外管道除锈用火作业。

（8）严禁烟火区域的生产用火。

（9）厂区内，除特级、一级及上述二级用火作业外的其他用火。

1.2.1.4　固定用火区

厂区内，除特级、一级、二级用火作业范围外，在没有火灾危险性区域可划出固定用火作业区。

1.2.1.5　节假日期间用火

遇节日、假日，用火作业实行升级管理，即在原定用火级别的基础上升一级。

1.2.1.6　恶劣天气期间用火

雨雪天、五级风以上（含五级风）天气，原则上禁止露天用火作业。因生产确需用火作业时，用火作业应升级管理。

1.2.2 用火作业的管理要求和原则

1.2.2.1 基本要求

（1）用火作业必须办理用火作业许可证，涉及进入受限空间、临时用电、高处、检维修等作业时，应办理相应的作业许可证。

（2）用火作业许可证签发人和用火作业监护人应持证上岗，安全监督管理部门负责组织业务培训，颁发资格证书。

（3）用火作业应实行全程视频监控。

1.2.2.2 安全管理原则

（1）属地管理原则：

①特级、一级用火作业，用火作业单位、监理服从用火作业区域所在的二级单位、国储库（以下统称"二级单位"）统一管理。

②二级用火作业，用火作业单位、监理服从用火作业区域所在的基层站队（以下简称"基层站队"）统一管理。

（2）"三不用火"原则：无用火作业许可证不用火，用火监护人不在现场不用火，防护措施不落实不用火。

（3）控制用火原则：在正常运行生产区域内，要尽可能减少用火作业。凡可用可不用的用火一律不用火，凡能拆下来的设备、管线均应拆下来移到安全地方用火。

1.2.3 用火作业的危害识别

（1）用火作业前，用火单位（用火作业区域所在单位），向用火作业单位（施工单位）明确用火施工现场的危险状况，协助用火作业单位，针对现场和作业过程中可能产生的危害因素运用 JSA 等方法进行风险分析，制定相应的作业程序及安全措施。

（2）制定的安全措施在许可证中应进行落实确认。

1.2.4 用火方案的编制与审批

1.2.4.1 方案编制

特级、一级用火，二级单位的项目主管部门负责编制项目用火实施方案，其内容包括但不限于以下内容：

（1）工程概况。

（2）用火级别。

（3）用火点部位及工程量。

（4）用火单位和用火作业单位的组织机构、分工及职责。

（5）施工方案、程序及预计作业工时。

（6）气体检测（分析）频次。

（7）用火作业的技术及安全保障措施。

（8）用火作业的应急预案。

（9）附图：施工场地平面图及相关尺寸、用火作业点、机械设备摆放位置、工艺流程示意图、消防车及消防器材摆放位置等。

1.2.4.2　方案审批

（1）特级、一级用火（不包括由二级升为一级的用火）实施方案，二级单位应组织评审并形成会议纪要，或者出具加盖二级单位公章的审查意见。按照评审或者审查意见修改完善后的用火实施方案，报二级单位行政主要领导（主管安全的处级领导）签字批准。经过批准的用火实施方案须加盖二级单位公章。

（2）特级用火（不包括由一级升为特级的用火）实施方案批准后，二级单位应在用火作业前7日，通过OA系统将用火作业时间、用火实施方案、评审会议纪要（或审查意见）上报公司，同时抄送公司机关对口业务主管部门和安全环保监察处，由业务主管部门负责人和安全环保监察处负责人批复用火实施方案。法定节假日特级用火（不包括由一级升为特级的用火）实施方案，由公司分管生产的副总经理批复。

（3）二级用火，用火作业单位应在用火前填写"二级用火申请报告"（表1-3）报二级单位生产（管道）、安全部门负责人及分管生产（管道）的处级领导审批。

表1-3 二级用火申请报告

用火地点	
用火起止时间	
用火作业单位	
申请 用火 内容	
安全 措施	
基层站队 审批意见	审批人: 时间:
生产 (管道) 部门 意见	部门盖章 审批人: 时间:
安全 部门 意见	部门盖章 审批人: 时间:
分管 领导 意见	签字: 时间:

1.2.5 人员职责

1.2.5.1 用火作业审批人（签字批准的二级单位处级领导）主要职责

许可证的签发人即为用火作业审批人，是用火作业安全措施落实情况的最终确认人，对自己的批准签字负责。其主要职责：

（1）审查许可证的办理是否符合要求。

（2）亲临现场检查，督促安全措施落实到位，组织用火作业安全措施的确认。

（3）负责用火全过程的指挥、协调。

1.2.5.2 用火作业单位负责人（承包商）主要职责

用火作业单位在现场进行作业组织、指挥的最高负责人为本单位用火作业负责人。其主要职责：

（1）对用火作业负全面责任。

（2）应在用火作业前详细了解作业内容和用火部位及周围情况，参与用火安全措施及用火时间的制定、落实，向作业人员交代作业任务和用火安全注意事项。

（3）组织本单位人员参与用火作业安全措施的确认。

（4）作业完成后，组织检查现场，确认无遗留火种，方可离开现场。

1.2.5.3 用火作业人主要职责

（1）持有效的本岗位工种操作证。

（2）严格执行"三不用火"的原则。

（3）发现不具备安全条件时，不得进行用火作业。

1.2.5.4 用火单位的用火监护人主要职责

（1）应有岗位（操作）合格证和用火监护人资格证；了解用火区域或岗位的生产过程，熟悉工艺操作和设备状况；有较强的责任心，出现问题能正确处理；有处理应对突发事故的能力。

（2）在接到许可证后，应在技术人员和基层站队负责人的指导下，逐项检查落实防火措施；检查用火现场的情况。

（3）监火时，应佩戴明显标志。当发现用火部位与许可证不相符，或者

用火安全措施不落实时，有权制止用火；当用火出现异常情况时，应及时采取措施，有权停止用火；对用火作业人不执行"三不用火"且不听劝阻时，有权收回许可证，并向上级报告。

（4）用火过程中，不得随意离开现场。确需离开时，收回用火人的许可证，暂停用火。

（5）用火作业单位应安排用火监护人，参与用火现场的监护与检查，发现异常情况应立即要求用火作业人停止用火作业，及时联系有关人员采取措施；坚守岗位，不准脱岗；用火期间，不准兼做其他工作；当发现用火作业人违章作业时，应立即制止。

1.2.5.5 项目部、监理职责

工程建设项目用火，项目经理、项目部 HSE 工程师和监理参与用火作业过程的安全监督和检查，对存在的问题提出整改意见。

用火期间服从属地二级单位或站队对用火的管理。

1.2.5.6 用火方案审批人职责

按照"谁审批、谁负责"的原则，审批人对审批的用火方案负责。

1.2.6 用火作业申请

（1）基层站队提出申请，按用火级别报相关部门、单位、人员审批。

（2）固定用火作业区由基层站队提出申请，经二级单位安全监督管理部门审查批准，报安全环保监察处备案。

（3）新建项目需要特级、一级用火时，施工单位（含承包商）向用火作业区域所在的二级单位提出用火申请；新建项目需要二级用火时，施工单位（含承包商）向用火作业区域所在的基层站队提出用火申请。用火作业区域所在的基层站队填写许可证，按用火级别报相关部门、单位、人员审批。

1.2.7 许可证的办理及有效期限

（1）特级、一级用火作业由基层站队填写许可证，报二级单位生产（管道）、安全部门审查合格后，生产区域的用火由分管生产的处级领导签发，外管道的用火由分管管道的处级领导签发。当分管生产（管道）的处级领导无

法签发时，由分管安全的处级领导签发。当分管生产（管道）、安全的处级领导均无法签发时，由行政主要领导签发。

（2）二级用火作业由基层站队填写许可证，报基层站队领导签发。

（3）一张许可证只限一处用火，实行一处（一个用火地点）、一证（许可证）、一人（用火监护人），不能用一张许可证进行多处用火。

（4）特级、一级许可证有效时间不超过 8 个小时，二级许可证不超过 48 个小时。固定用火作业区，每半年由二级单位安全监督管理部门认定 1 次。

（5）在厂区未与原生产系统相连的新建、扩建工程施工用火，生产区管线、设备设施和外管道的除锈用火，装置全面停工检修，实行区域用火监护。

1.3   用火作业安全措施

（1）隔离与置换及气体检测（分析）。

（2）与用火点相连的管线、容器，应进行可靠的隔离、封堵或拆除处理。

（3）在对管线进行多处割开、断开、开孔等用火作业时，应对相连通的各个用火部位的用火作业进行隔离，有条件的进行放空处理。不能进行隔离时，相连通的各个部位的用火作业不应同时进行。

（4）与用火点直接相连的阀门应上锁挂牌。用火作业区域内的设备、设施须由生产单位操作。

（5）凡在生产、储存、输送可燃物料的设备、容器及管线上用火，应首先切断物料来源并进行可靠封堵隔离或断开；经彻底吹扫、清洗、置换后，打开人孔，通风换气。打开人孔时，应自上而下依次打开，经气体检测（分析）合格方可用火。若间隔时间超过 1 个小时后继续用火，应再次进行气体检测（分析）或在管线、容器中充满水后，方可用火。

（6）凡需要用火的塔、罐、容器等设备和管线以及室内、沟坑内场所，均应进行内部和环境气体检测（分析），环境气体检测（分析）范围不小于用火点 10m。

（7）设备管线外部用火，应在不小于用火点 10m 范围内对环境气体进行检测（分析）。

（8）当采用便携式气体检测仪检测时，可燃气体浓度低于爆炸下限值的 10%（LEL）为合格。特殊情况下，使用色谱分析等分析手段时，当可燃气体爆炸下限大于或等于 4% 时，分析检测数据小于 0.5%（体积百分数）为合格；可燃气体爆炸下限小于 4% 时，分析检测数据小于 0.2%（体积百分数）为合格。分析单附在许可证的存根上，以备查和落实防火措施。在生产、使用、储存氧气的设备上进行用火作业时，设备内氧含量不应超过 23.4%。在对采用惰性气体置换的系统检测分析时，不得采用触媒燃烧式检测仪直接进行检测。

（9）用火部位存在有毒、有害介质的，应对其浓度进行检测分析。若含量超过车间空气中有害物质最高容许浓度，应采取相应的安全措施，并在许可证上注明。在输送进口油和石脑油的设备设施、管线上用火时，必须同时检测可燃气体和硫化氢气体浓度。

（10）用火检测（分析）有效期。用火检测（分析）与用火作业间隔一般不超过半个小时，如现场条件不容许，间隔时间可适当放宽，但不应超过 1 个小时。若中断作业时间超过 1 个小时后继续用火，监护人、用火人和许可证审批签发人应重新组织检测（分析）。特级用火作业期间，应随时进行检测，监护人应佩戴便携式可燃气体报警仪进行全程监护。

（11）气体浓度的检测，至少采用 2 台检测仪器进行检测和复检。特级、一级用火，应至少每隔 4 个小时检测 1 次气体浓度。受限空间用火，至少每隔 2 个小时检测 1 次气体浓度。

（12）设备、容器与工艺系统已有效隔离，不会再释放有毒、有害和可燃气体的，首次检测（分析）合格后，检测（分析）数据长期有效；当设备、容器内有夹套、填料、衬里、密封圈等，有可能释放有毒、有害、可燃气体的，检测（分析）合格后超过 1 个小时用火的，须重新检测（分析）合格后方可用火。

（13）气体检测（分析）结果应填写具体数据，不得以"合格"等代替检测数据。

1.4 用火作业现场要求

（1）用火作业区域应设置警戒线，并设有明显标志，严禁与用火作业无关人员和车辆及设备进入用火作业区域。

（2）生产厂区用火作业实行封闭式管理，人员、车辆进入应执行生产厂区封闭化管理规定。

（3）对地下的管道和设备设施进行用火作业时，用火作业坑除满足施工作业要求外，还应有逃生通道，通道应设置在用火点的上风向，其宽度不小于1m，通道坡度不大于30°，通道表面应采取防滑措施。在坑深超过1.5m的作业坑内的作业人员，应系扎阻燃或不燃材料的安全带（绳），并有专人监护。因场地或周边的设备设施限制，作业坑的通道宽度、坡度达不到上述要求时，应采取相应的安全措施。

（4）用火前清除现场一切可燃物。用火点周围（最小半径15m）或其下方地面如有可燃物、空洞、窨井、地沟、水封等，应进行检查、检测并采取清除封堵措施。高处用火作业应采取防止火花飞溅、散落措施。

（5）用火现场按照用火实施方案和用火安全措施配备消防车和消防器材。

（6）用火作业单位应做好施工前的各项准备工作，为用火作业创造条件。

（7）在盛装或输送可燃气体、可燃液体、有毒有害介质或其他重要的运行设备、容器、管线上进行焊接作业时，二级单位业务主管部门必须对施工方案进行确认，对设备、容器、管线进行测厚，并在许可证上签字。

1.5 许可证签发前的现场检查

（1）各级许可证审批人应亲临现场检查，在督促用火单位和用火作业单位落实防火措施后，方可审签许可证。各级用火现场检查参加人员如下：

①特级、一级用火：

二级单位签发许可证的处级领导，生产（管道）、安全（消防）部门负责人；基层站队领导及生产（管道）、安全管理人员；施工单位的主管领导、用火作业负责人及安全、技术人员；监理。

②二级用火：

A. 本章1.2.1.3中（1）～（5）规定的二级用火：二级单位的生产（管道）、安全部门管理人员，基层站队领导及生产（管道）、安全管理人员。

B. 本章1.2.1.3中（6）～（9）规定的二级用火：基层站队领导及生产（管道）、安全管理人员。

（2）公司机关运销处、管道保卫处、设备管理处、安全环保监察处或安全督察大队，在以下情况应参加现场用火安全措施的监督、检查：

①运销处：

法定节假日，一次计划停输超过40个小时的工艺管线换管（阀）、连头的特级用火。

②管道保卫处：

外管道封堵特级用火。

③设备管理处：

原油储罐罐区特级用火（不包括由一级升为特级的用火）。

④安全环保监察处或安全督察大队：

特级用火（不包括由一级升为特级的用火）。

（3）当施工用火作业涉及其他管辖区域时，由所在管辖区域单位领导审查会签，双方单位共同落实安全措施，各派1名用火监护人，按用火级别进行审批后，方可用火。

（4）装置停工吹扫期间，严禁一切明火作业。

1.6 实施用火作业

（1）用火作业过程：

应严格按照安全措施和用火方案的要求进行作业。

（2）用火作业人员的作业位置：

用火作业人员应在用火点的上风向作业，并避开油气流可能喷射和封堵物可能射出的方位。特殊情况下，应采取围隔作业并控制火花飞溅。

（3）切割器具的要求：

气焊（割）用火作业，乙炔气瓶严禁卧放，氧气瓶与乙炔气瓶的间隔不小于 5m，二者与用火点距离不得小于 10m，并不得在烈日下曝晒。

（4）用火作业期间的现场检查、监督：

①特级、一级用火：作业期间，二级单位许可证签发人组织安全和生产（管道）管理部门负责人及施工单位相关人员进行现场检查、监督；参加了特级用火作业许可证签发前监督、检查的公司机关或安全督察大队人员，参与用火作业期间的现场检查、监督。

②在本章 1.2.1.3 中（1）～（5）规定的二级用火作业期间，二级单位安全监督管理部门组织生产（管道）及施工单位等相关人员进行现场检查；在本章 1.2.1.3 中（6）～（9）规定的二级用火作业期间，基层站队领导组织有关人员进行现场检查，二级单位安全监督管理部门和业务主管部门应每周至少抽查 1 次。各级用火作业期间，用火监护人进行现场检查、监督。

（5）各级安全监督管理部门和消防部门的领导、安全和消防管理人员有权随时检查用火作业情况。在发现违反用火管理制度或危险用火作业时，有权收回许可证，停止用火，并根据违章情节，由各单位安全监督管理部门对违章者进行严肃处理。

（6）用火期间，距用火点 30m 内严禁排放各类可燃气体，15m 内严禁排放各类可燃液体。10m 范围内及用火点下方不应同时进行可燃溶剂清洗和喷漆等交叉施工。

（7）罐区内油罐用火时，其相邻油罐不得实施清油作业。

（8）铁路沿线 25m 以内的用火作业，如遇装有危险化学品的火车通过或停留时，应立即停止用火作业。

（9）在用火作业过程中，当作业内容或环境条件发生变化时，应立即停止作业，许可证同时废止。

（10）当输油站、油库、生产装置或作业现场出现异常，可能危及作业

人员安全时，应立即停止作业，组织作业人员迅速撤离，查明原因并采取补救措施。

（11）在受限空间内用火，除遵守上述安全措施外，还须执行以下规定：

①在受限空间内进行用火作业、临时用电作业时，不允许同时进行刷漆、喷漆作业或使用可燃溶剂清洗等其他可能散发易燃气体、易燃液体的作业。

②在受限空间内进行刷漆、喷漆作业或使用可燃溶剂清洗等其他可能散发易燃气体、易燃液体的作业时，使用的电气设备、照明等必须符合防爆要求，同时必须进行强制通风；用火监护人应佩戴便携式可燃气体报警仪，随时进行检测，当可燃气体报警仪报警时，必须立即组织作业人员撤离。

③受限空间内用火，严禁将气瓶带入受限空间。

（12）对高风险的特级用火作业，在符合上述规定的同时，还应符合以下规定：

①在生产不稳定的情况下，不应进行带压不置换用火作业。

②用火作业前，许可证审批签发人应告知公司、处两级生产调度及有关单位，使之在异常情况下能及时采取相应的应急措施。

③应在正压条件下进行作业，并保持作业现场通（排）风良好。

1.7　抢修（险）用火

（1）抢修（险）用火是指发生突发事件（故），启动基层站队现场处置方案，或者二级单位应急预案、公司应急预案，现场应急处置过程中进行的用火作业。

（2）现场应急指挥部是抢修（险）用火的最高指挥机构，参与抢修（险）用火作业的单位和人员接受现场应急指挥部的统一领导。抢修（险）用火单位和用火作业单位根据现场指挥部的指令和分工进行作业，对各自责任范围内的用火安全负责。抢修（险）用火级别由现场指挥确定。

（3）抢修（险）用火单位和用火作业单位现场职责界定：

①抢修（险）用火单位现场职责：

A. 根据现场气体的检测、周边环境、地形地貌状况和风向等，确定抢修（险）区域。

B. 协助抢修（险）用火作业单位制定用火方案。

C. 负责抢修（险）区域的警戒线设置和安全警戒。

D. 负责向抢修（险）用火作业单位提供抢险现场设备和管线基本情况、油品物性、周围环境情况等。

E. 负责抢修（险）区域的危害识别，制定并落实相应的安全措施。

F. 负责现场泄漏原油的堵截、清理和回收，对地面和电（光）缆沟、暗渠（沟）和其他市政管网设施采取覆盖、铺沙、水封等封堵、隔离措施。

G. 负责作业坑的开挖，并进行沙土、泡沫覆盖等惰化处理。

H. 指定用火监护人。

②抢修（险）用火作业单位现场职责：

A. 根据现场用火点和环境气体的检测、地形地貌状况和风向等，确定用火作业区域。

B. 负责用火作业区域内的警戒线设置和安全警戒。

C. 负责用火作业区域内的危害识别，制定并落实相应的安全措施。

D. 负责制定抢修（险）用火方案，按批准后的抢修（险）用火方案实施作业。

E. 指定用火监护人。

③抢修（险）用火方案的审批：

A. 启动基层站队现场处置方案的抢修（险）用火方案，由现场指挥审批。

B. 启动二级单位应急预案的抢修（险）用火方案，由现场指挥审查，并签署意见，经下令启动应急预案的处级领导同意后，现场应急指挥部组织实施。

C. 启动公司应急预案的抢修（险）用火方案，由现场指挥审查，并签署意见，报请下令启动应急预案的公司领导同意后，现场应急指挥部组织实施。

（4）许可证的办理：

①抢修（险）用火作业许可证。由基层单位填写许可证，现场审核，现场签发。

②现场指挥是许可证的签发人。启动公司应急预案的抢修（险）用火，或者实施多点抢修（险）用火，现场指挥可在各用火点指定一名处级领导为许可证的签发人。许可证的签发人是用火现场安全的第一责任人。

（5）许可证签发前，许可证签发人组织现场检查，指定人员对安全措施进行确认及签署用火作业意见。

（6）许可证经签发后，方可实施用火作业。

（7）许可证签发人组织用火作业期间的现场检查、监督。

（8）抢修（险）用火作业其他要求执行《管道储运有限公司用火作业安全管理办法》（石化管道储运安〔2015〕370号）的相关规定。

（9）抢修（险）用火完毕，许可证签发人组织现场检查，确认无火种、无隐患后，用火监护人在许可证完工验收栏签字。

1.8　许可证管理

（1）许可证是用火作业的凭证和依据，不得随意涂改、代签，应妥善保管。

（2）许可证一式四联，第一联存放在基层站队，第二联由用火作业人持有，第三联由用火单位的用火监护人持有，第四联存放在用火点所在操作控制室或岗位。

（3）用火作业完工验收后，基层站队应及时将许可证第一联扫描件上传至中国石化安全管理信息系统。

（4）完工验收后的用火作业许可证，应按月归档，保存期限为1年。其中，特级、一级用火作业许可证的第一联由二级单位安全监督管理部门保存，第三联、第四联由基层站队安全管理岗位保存；二级用火作业许可证的第一联、第三联、第四联由基层站队安全管理岗位保存；各级用火作业许可证的第二联交用火作业单位保存。

（5）其他规定：停止执行《工业用火安全规程》（Q/SHGD 0030—2007）。

1.9　监督、检查与考核

（1）公司及二级单位、基层站队通过视频、现场检（抽）查的方式对用火作业进行监督，对不符合规定的行为及时制止、纠正。情节严重的，予以严肃处理。

（2）公司及二级单位在安全检查、综合检查工作中，将用火作业管理作为检查的重要内容，依据检查情况进行考核。

（3）因用火作业发生事故，依据法律、法规和相关规定进行处理。

（4）用火单位如果在没有获得用火许可证、用火报告还未得到批准的情况下私自或强行用火，按照《安全生产法》等法律的相关条款承担法律责任。

1.10　事故案例

2016年4月22日9时13分左右，江苏某仓储有限公司储罐区2号交换站发生火灾，事故导致1名消防战士在灭火中牺牲，直接经济损失2532.14万元人民币。

1.10.1　事故过程

4月21日16时左右，承包商人员许某找到仓储公司安全管理人员邵某，申请22日的动火作业。邵某在"动火作业许可证"中"分析人""安全措施确认人"两栏无人签名的情况下，直接在许可证"储运部意见"栏中签名，并将许可证直接送公司副总朱某签字，朱某直接在许可证"公司领导审批意见"栏中签名。18时左右，许某将许可证送到安保部，安保部巡检员刘某在未对现场可燃性气体进行分析、确认安全措施的情况下，直接在许可证"分析人""安全措施确认人"栏中签名，并送给安保部副主

任何某签字，何某在未对安全措施检查的情况下，直接在许可证"安保部意见"栏中签名。

4月22日8时左右，许某到安保部领取了21日审批的"动火作业许可证"，许可证"监火人"栏中无人签字。8时10分左右，申某开始在2号交换站内焊接2301管道接口法兰，许某与陆某在站外预制管道。安保部污水处理操作工夏某到现场监火。

4月22日8时20分左右，申某焊完法兰后到站外预制管道，许某到站内用乙炔焰对1302管道下部开口。因割口有清洗管道的消防水流出，许某停止作业，等待消防水流尽。在此期间，邵某对作业现场进行过一次检查。

4月22日8时30分左右，安保部巡检员陈某、陆某巡查到2号交换站，陆某替换夏某监火，夏某去污水处理站监泵，陈某继续巡检。

4月22日9时13分左右，许某继续对1302管道开口时，当即引燃地沟内可燃物，火势在地沟内迅速蔓延，瞬间烧裂相邻管道，可燃液体外泄，2号交换站全部过火。10时30分左右，2号交换站上方管廊起火燃烧。10时40分左右，交换站再次发生爆管，大量汽油向东西两侧道路迅速流淌，瞬间形成全路面的流淌火。12时30分左右，2号交换站上方的管廊坍塌，火势加剧。

事故发生后，在现场应急处置无效的情况下，江苏省靖江市消防部门先后调集江苏、上海、浙江290辆消防车、1768名消防官兵和专职消防员赶赴现场灭火。国家安监总局调集中国石化扬子石化公司等5支危化品专业救援队伍到现场参与救援。经过两次灭火总攻，4月23日2时4分，历时近17个小时，现场明火被扑灭。

1.10.2 事故原因

1.10.2.1 直接原因

仓储公司组织承包商在2号交换站管道进行动火作业前，在未清理作业现场地沟内油品、未进行可燃气体分析、未对动火点下方的地沟采取覆盖、铺沙等措施进行隔离的情况下，违章动火作业，切割时产生火花引燃地沟内的可燃物，是此次事故发生的直接原因。

1.10.2.2 间接原因

（1）仓储公司违规组织作业，事故初期应急处置不当。

①特殊作业管理不到位。动火作业相关责任人员朱某、邵某、何某、刘某等不按签发流程，不对现场作业风险进行分析、确认安全措施。在"动火作业许可证"已过期的情况下，违规组织动火作业。

②事故初期应急处置不当。现场初期着火后，仓储公司现场人员未在第一时间关闭周边储罐根部手动阀，未在第一时间通知中控室关闭电动截断阀，第一时间切断燃料来源，导致事故扩大。仓储公司虽然制定了综合、专项、现场处置预案，并每年组织演练，但演练没有注重实效性，没有开展职工现场处置岗位演练，提升职工第一时间应急处置能力。

③工程外包管理不到位。仓储公司对工程外包施工单位资质审查不严，未能发现顾某以某公司名义承接工程。对外来施工人员的安全教育培训不到位，在21日许某等进场作业前，巡检员顾某对其教育流于形式，未根据作业现场和作业过程中可能存在的危险因素及应采取的具体安全措施进行教育，考核采用抄写已做好的试卷的方式。邵某、陈某二人曾先后检查作业现场，夏某、陆某先后在现场监火，都未制止施工人员违章动火作业。

④隐患排查治理不彻底。未按省、市文件要求组织特殊作业专项治理，消除生产安全事故隐患。仓储公司先后因违章动火作业、火灾隐患等多次被有关部门责令整改、处以罚款。2016年3月，2号交换站曾因动火作业产生火情。

⑤仓储公司主要负责人未切实履行安全生产管理职责。仓储公司总经理未贯彻落实上级安监部门工作部署，在全公司组织开展特殊作业专项治理，及时启用新的"动火作业许可证"；对公司各部门履行安全生产职责督促、指导不到位，未及时消除生产安全事故隐患。

⑥作业前，未进行作业安全分析（JSA），没有进行有效风险识别并制定有效的防范措施。

（2）承包商施工现场管理缺失。

承包商同意顾某以本公司名义承揽工程，收取管理费，但不安排人到现场实施管理。4月21日、22日，许某等三人进入仓储公司作业前，未安排人到作业现场检查、核实安全措施，对作业人员进行安全教育，及时发现并制

止施工人员违章作业行为。

（3）属地经济开发区对安全生产工作部署落实不到位。

属地经济开发区属于国家级开发区，按照《省政府关于切实加强全省开发区安全生产监管监察能力建设的意见》（苏政发〔2014〕137号）的要求，应当配备安全监管执法人员不少于9人，但经济开发区管委会只在经发局内设置安全科，配备5人负责辖区内安全生产监管工作，且5人中仅有2人属事业编制，其他3人属企业编制，安全生产管理经验欠缺；安全管理工作混乱，在主持安全科工作的负责人长期不能正常到岗履职的情况下，未明确安全科负责人，监管人员履职不到位；对上级安监部门部署的特殊作业专项治理行动落实不到位，未组织开展特殊作业专项检查。

1.10.3　表格、附件

1.10.3.1　表格

（1）表1-4　用火点内部、设备管线外部用火点及环境气体检测单。

（2）表1-5　管道储运有限公司用火作业许可证签字指导意见。

表1-4　用火点内部、设备管线外部用火点及环境气体检测单

（a）用火点内部、设备管线外部用火点气体检测分析（可燃气体、氧气、硫化氢等）

采样检测时间					
采样点					
检测结果	气体名称				
	检测值				
检测人					

（b）环境气体检测分析（可燃气体、氧气、硫化氢等）

采样检测时间						
采样点						
检测结果	气体名称					
	检测值					
检测人						

表1-5　管道储运有限公司用火作业许可证签字指导意见

序号	用火主要安全措施	特级、一级用火确认人选	二级用火确认人选	备注
1	开展JSA风险分析，并制定相应作业程序和安全措施	二级单位安全监督管理部门负责人	基层站队安全管理人员	
2	用火设备内部构件清理干净，蒸汽吹扫或水洗合格，达到用火条件	二级单位主管该设备的生产（管道）部门负责人	基层站队分管该设备站队领导或业务管理人员	
3	断开与用火设备相连接的所有管线，加盲板（　）块	二级单位主管该设备的部门负责人	基层站队分管该设备站队领导或业务管理人员	
4	与用火点直接相连的阀门上锁挂牌	二级单位主管该设备的部门负责人	基层站队分管该设备站队领导或业务管理人员	
5	用火点周围（最小半径15m）的下水井、地漏、地沟、电缆沟等已清除易燃物，并已采取覆盖、铺沙、水封等手段进行隔离	基层站队领导	基层站队安全管理人员	

续表

序号	用火主要安全措施	特级、一级用火 确认人选	二级用火 确认人选	备注
6	罐区内用火点同一围堰内和防火间距内的油罐不得进行脱水作业	二级单位生产部门的负责人	基层站队分管生产的领导或工艺技术人员	
7	罐区内油罐用火,相邻油罐没有清油作业	二级单位生产部门的负责人	基层站队分管生产的领导或工艺技术人员	
8	作业坑符合要求,或相应的安全措施到位	基层站队领导	基层站队安全管理人员	
9	高处作业应采取防火花飞溅措施	基层站队领导	基层站队安全管理人员	
10	清除用火点周围易燃物、可燃物	基层站队安全管理人员	基层站队安全管理人员	
11	电焊回路线应接在焊件上,把线不得穿过下水井或与其他设备搭接	基层站队分管设备(管道)的站队领导	基层站队设备(管道)技术人员	
12	乙炔气瓶(禁止卧放)、氧气瓶与火源间的距离不得小于10m	基层站队安全管理人员	基层站队安全管理人员	
13	现场配备消防蒸汽带( )根,灭火器( )台,铁锹( )把,石棉布( )块	现场消防(安全)负责人	基层站队安全管理人员	
14	视频监控已落实	二级单位项目主管部门负责人	基层站队负责人	
15	其他补充安全措施	二级单位项目主管部门负责人	基层站队负责人	
16	基层站队领导审批意见	基层站队领导	许可证签发人	
17	完工验收	用火监护人	用火监护人	

注:1. 主要安全措施确认人必须是参加许可证签发前现场检查的人员。规定有2人可以签字的栏目,若2人均在现场,排名在前的人员签字。

2. 若不需要采取某项主要安全措施,在该项措施的序号栏打"×"。

3. 用火作业单位相关人员须在用火主要安全措施确认人及完工验收的每一栏签字。

4. 基层站队维修班在本站队进行用火作业时,相关人员在主要安全措施确认人及完工验收的签字栏的前一栏签字,后一栏打"/"。

5. 采样点:用火点,用火点环境检测范围。检测结果:填写可燃气体、其他气体检测的具体结果。气体连续检测情况填入"用火点内部、设备管线外部用火点及环境气体检测单"。

6. 抢修(险)用火,由许可证签发人指定人员填写。

1.10.3.2　附件

（1）附件1为用火作业可能产生的危害。

（2）附件2为用火作业前检查的主要内容。

附件1：

用火作业可能产生的危害

用火作业可能产生的危害包括：①爆炸；②火灾；③灼伤；④烫伤；⑤机械伤害；⑥中毒；⑦辐射；⑧触电；⑨泄漏；⑩窒息；⑪坠落；⑫落物；⑬掩埋；⑭噪声；⑮环境污染；⑯其他。

其中：

（1）外管道用火：①爆炸；②火灾；③灼伤；④烫伤；⑤机械伤害；⑥中毒；⑦触电；⑧泄漏；⑨淹溺；⑩坠落；⑪坍塌；⑫环境污染；⑬其他。

（2）罐区用火：①爆炸；②火灾；③灼伤；④烫伤；⑤机械伤害；⑥中毒；⑦触电；⑧泄漏；⑨窒息；⑩坠落；⑪落物；⑫碰伤；⑬其他。

（3）阀组区（间）用火：①爆炸；②火灾；③灼伤；④烫伤；⑤机械伤害；⑥中毒；⑦触电；⑧泄漏；⑨窒息；⑩坠落；⑪落物；⑫其他。

附件2：

用火作业前检查的主要内容

（1）用火方案经过审批。

（2）开展危害识别，实施风险控制措施。

（3）特种作业人员持有效的操作证书。

（4）现场人员穿戴符合安全要求的劳动防护用品。

（5）现场作业人员熟悉用火方案。

（6）用火区域施工环境符合要求。

（7）施工机具、材料到位。

（8）与用火相关的输油工艺符合要求。

（9）与用火相关的设备设施上锁挂牌。

（10）消防车、器材及人员到位，消防通道畅通。

（11）用火现场逃生通道符合要求。

（12）系统隔离与置换及气体检测结果符合要求。

（13）用火作业许可证按要求办理。

（14）用火涉及的其他许可作业的许可证按要求办理。

上述内容由许可证签发人组织现场检查人员逐项检查。

第2章
动 土 作 业

2.1 定义和基本要求

2.1.1 定义

动土作业是指在管道储运有限公司（以下简称"公司"）生产运行区域（含站场围墙外运行管道、停运管道、废弃管道的区域及新建管道与在役管道连头的区域和生产、生活基地）的地下管道、电缆、电信、隐蔽设施等影响范围内，以及在交通道路、消防通道上进行的挖土、打桩、钻探、坑探地锚入土深度在0.5m以上的作业；使用推土机、压路机等施工机械进行填土或平整场地等可能对地下隐蔽设施产生影响的作业。

2.1.2 基本要求

（1）二级单位负责建设的项目，项目负责部门是指由二级单位承担项目建设管理的部门（项目组）。

（2）重点工程建设项目部负责建设的项目，未设项目分部时，项目负责部门是指项目部工程管理部门；设置项目分部时，项目负责部门是指负责项目建设管理的项目分部。

（3）动土作业必须办理许可证。

（4）动土作业涉及到用火、临时用电、进入受限空间等特殊作业时，应办理相应的作业许可证。

（5）动土作业许可证申请人（施工单位）、审批人（属地单位）、接收人（施工单位的现场负责人或安全负责人、技术负责人）、监护人应持证上岗。

（6）作业期间应全程视频监控。

2.2 管理职责

（1）安全环保监察处（安全督察大队）、工程处、设备管理处、运销处、管道保卫处、信息化管理处、二级单位和重点工程建设项目（以下统称二级单位）安全监督管理部门负责监督作业许可制度的执行。

（2）二级单位安全监督管理部门负责组织许可证申请人（施工单位）、审批人（二级单位和基层站队）、接收人（施工单位的现场负责人或安全负责人、技术负责人）、监护人的业务培训和资格认定。安全环保监察处负责公司员工资格证的颁发，二级单位负责施工单位人员资格证的颁发。

（3）许可证由动土作业区域所在基层站队提出申请。

（4）项目负责部门组织地下设施主管单位联合进行现场交底，根据施工区域地质、水文、地下供排水管线、埋地油气及燃气管道、埋地电缆、埋地电信、测量用的永久性标桩、地质和地震部门设置的长期观测孔、不明物、沙巷等情况向施工单位提出具体要求，经水、电、气（汽）、通信、工艺、设备、消防与动土区域所属基层站队等部门会签后，由项目负责部门的领导审批签发作业许可证。

（5）施工单位根据工作任务、交底情况及施工要求，制定施工方案，落实安全作业措施。

（6）施工方案经施工现场负责人、动土作业区域所在的基层站队现场负责人签署意见及工程总图管理等有关部门确认签字后，由项目负责部门的领导审核，报二级单位分管业务的处级领导审批。

2.3 管理内容及要求

2.3.1 作业危害识别（JSA）

（1）作业前，项目负责部门要组织施工单位，针对作业内容，进行 JSA 分析，制定相应作业程序及安全措施。

（2）安全措施要填入"动土作业许可证"，并附动土作业点示意图。

2.3.2 作业安全措施

（1）作业前，施工单位要对作业现场及作业涉及的设备（设施）、现场支撑等进行检查，发现问题应及时处理。

（2）挖掘坑、槽、井、沟等作业，应遵守下列规定：

①不应在土壁上挖洞攀登。

②不应在坑、槽、井、沟上端边沿站立、行走。

③在坑、槽、井、沟的边沿安放机械、铺设轨道及通行车辆时，应保持适当距离，采取有效的固壁措施，确保安全。

④拆除固壁支撑应按照由下而上的顺序，更换支撑应先装新的，再拆旧的。

⑤不应在坑、槽、井、沟内休息。

（3）在沟（槽、坑）下作业，应按规定坡度顺序进行，使用机械挖掘时，作业人员不应进入机械旋转半径内；严禁在离电缆 1m 距离以内作业；深度大于 2m 时，应设置应急逃生通道；两人以上同时挖土时，应相距 2m 以上，防止工具伤人。

（4）作业人员发现异常，应立即撤离作业现场。

（5）在化工危险场所动土时，应与有关操作人员建立联系。当突然排放有害物质时，操作人员应立即通知动土作业人员停止作业，迅速撤离现场。

（6）施工结束时，应及时回填土石，恢复地面设施。

2.3.3　作业过程管理

（1）动土前：

施工单位应按照施工方案，逐条落实安全措施，做好地面和地下排水工作，严防地面水渗入作业层面造成塌方，对所有作业人员进行安全教育和安全技术交底；作业人员在作业中应按规定着装和佩戴劳动保护用品。项目负责部门应对动土作业进行安全检（抽）查，动土作业区域所在的基层站队、施工单位分别设专人监护。

（2）动土开挖时：

应防止邻近建（构）筑物、道路、管道等下沉和变形，必要时采取防护措施，加强观测，防止发生位移和沉降；要由上至下逐层挖掘，严禁采用挖空底脚和挖洞的方法进行挖掘。使用的材料、挖出的泥土应堆放在距坑、槽、井、沟边沿至少 0.8m 处，堆土高度不得大于 1.5m。挖出的泥土不应堵塞下水道和窨井；在动土开挖过程中，应采取防止滑坡和塌方的措施。

（3）对地下情况的调查：

作业前，施工单位应了解地下隐蔽设施的分布情况，动土临近地下隐蔽设施时，应使用适当工具挖掘，避免损坏地下隐蔽设施，如暴露出电缆、管线以及不能辨认的物品时，不得敲击、移动，应立即停止作业，妥善加以保护，报告动土审批单位进行处理，按要求采取措施、重新审批后方可继续动土作业。

（4）特殊区域动土：

在道路上（含居民区）及危险区域内施工，施工现场应设围栏、盖板和警告标志，夜间应设警示灯。在地下通道施工或进行顶管作业影响地上安全，或地面活动影响地下施工安全时，应设围栏、警示牌、警示灯。

（5）坑槽保护：

根据土壤性质、湿度和挖掘深度设置安全边坡或固定支撑。作业过程中应对坑、槽、井、沟边坡或固定支撑架随时检查，特别是在雨雪后和解冻时期，如发现边坡有裂缝、松疏或支撑有折断、走位等异常情况，应立即停止工作，采取可靠措施并检查确认无问题后方可继续施工。

（6）新出现的情况：

在施工过程中出现下列情形，应及时报告基层站队，并逐级报告至建设项目管理部门和二级单位专业主管部门，采取有效措施后方可继续进行作业：

①需要占用规划批准范围以外场地。

②可能损坏道路、管线、电力、邮电通信等公共设施。

③需要临时停水、停电、中断道路交通。

④需要进行爆破的。

（7）危险情况：

在动土开挖过程中，出现滑坡、塌方或其他险情时，要做到：

①立即停止作业。

②先撤出作业人员及设备。

③挂出明显标志的警告牌，夜间设警示灯。

④划出警戒区，设置警戒人员，日夜值勤。

⑤通知设计、工程建设和安全等有关部门，共同对险情进行调查处理。

（8）使用电动工具应安装漏电保护器。

（9）在消防主干道上的动土作业，必须分步施工，确保消防车顺利通行。如影响消防通道，必须向属地二级单位安全监督管理部门、属地输油站（油库）及其消防队报告。

2.4　许可证管理

（1）许可证一式三联，第一联交审批（签发）单位留存，基层站队安全管理岗位存档；第二联交施工单位，第三联交现场施工管理人员随身携带。

（2）一个施工点、一个施工周期应办理一张作业许可证。

（3）严禁涂改、转借动土作业许可证，不得擅自变更动土作业内容、扩大作业范围或转移作业地点。

（4）许可证保存期为1年。

（5）公司施工队伍在系统外区域进行动土作业时，参照此规定执行。

2.5 检查、监督与考核

（1）安全环保监察处（安全督察大队）、工程处（项目管理中心）、设备管理处、运销处、管道保卫处、信息化管理处及各单位、各重点工程建设项目部、基层站队通过视频、现场检（抽）查的方式对动土作业进行监督，对不符合规定的行为及时制止、纠正。情节严重的，予以严肃处理。

（2）安全环保监察处（安全督察大队）、工程处（项目管理中心）、设备管理处、运销处、管道保卫处、信息化管理处及各单位、各重点工程建设项目部在安全、综合等检（督）查工作中，将动土作业管理作为检（督）查的内容，依据检查情况进行考核。

（3）因动土作业发生事故，依据法律、法规和相关规定进行处理。

2.6 事故案例

2.6.1 事故过程

某年7月28日10时11分左右，某建设配套工程有限公司在江苏省某地塑料四厂旧址平整拆迁土地过程中，挖掘机挖穿了地下丙烯管道，丙烯泄漏后遇到明火发生爆燃。

事故共造成13人死亡、120人住院治疗（其中重伤14人），周边近2km^{2}范围内的3000多户居民住房及部分商店玻璃、门窗发生不同程度的破碎，建筑物外立面受损，少数钢架大棚坍塌。

2.6.2 事故原因

2.6.2.1 直接原因

个体拆除施工队擅自组织开挖地下管道、现场盲目指挥，挖穿了地下丙

烯管道，导致液态丙烯大量泄漏，丙烯气体迅速扩散与空气形成爆炸性混合物，遇明火引发爆燃。

2.6.2.2　间接原因

（1）违规组织实施拆除工程。

（2）塑料四厂在地块权属未变更的情况下，对在本厂区内丙烯管道上方的野蛮挖掘作业未加制止。

（3）某塑胶化工有限公司在发现塑料四厂厂区内有机械施工作业，可能危及其所属的地下丙烯输送管道的安全时，未能有效制止，对地下丙烯输送管道的位置和走向指认不清，未能有效制止施工。

2.7　表格

表2-1为中国石化动土作业许可证。

表2-1　中国石化动土作业许可证

作业证编号：　　　　　　　　　　　　　　　　　　第＿＿＿联/共三联

申请单位		申请人	
监护人			
作业时间	自　年　月　日　时　分至　年　月　日　时　分		
作业地点			
施工单位			
涉及的其他特殊作业			

作业范围、内容、方式（包括深度、面积、并附简图）：

签字：　　　　年　月　日　时　分

续表

序号	安全措施	确认人签字
1	开展 JSA 风险分析，并制定相应作业程序和安全措施	
2	地下电力电缆已确认保护措施并已落实	
3	地下通信电（光）缆、局域网络电（光）缆已确认保护措施并已落实	
4	地下供排水、消防管线、工艺管线已确认保护措施并已落实	
5	已按施工方案图划线和立桩	
6	作业地点处于易燃、易爆场所，需要动火时已办理了用火许可证	
7	动土地点有电线、管道等地下设施，已向作业单位交底并派人监护	
8	作业现场围栏、警戒线、警告牌、夜间警示灯已按要求设置	
9	已进行放坡处理和固壁支撑	
10	人员进入口和撤离安全措施已落实：①梯子；②修坡道	
11	道路施工作业已报交通、消防、安全监督管理部门、应急中心	
12	备有可燃气体检测仪、有毒介质检测仪	
13	现场夜间有充足照明	
14	作业人员已佩戴防护器具	
15	动土范围内无障碍物，并已在总图上做标记	
16	视频监控措施已落实	
17	其他安全措施	

申请单位意见：

签字：　　年 月 日 时 分

施工单位意见：

签字：　　年 月 日 时 分

有关水、电、气（汽）、通信、工艺、设备、消防等部门会签意见：

签字：　　年 月 日 时 分

续表

项目负责部门审批意见：	完工验收：
签字：　　年 月 日 时 分	签字：　　年 月 日 时 分

注：1. 许可证一式三联，第一联交签发单位留存，第二联交施工单位，第三联交现场施工管理人员随身携带。

2. 动土作业许可证签字指导意见：

（1）申请单位：动土作业区域所在基层站队。

（2）申请人：动土作业区域所在基层站队业务主管。

（3）作业范围、内容、方式（包括深度、面积、并附简图）：项目负责部门领导。

（4）开展JSA风险分析，并制定相应作业程序和安全措施：项目负责部门领导。

（5）地下电力电缆已确认保护措施并已落实：基层站队电气技术员。

（6）地下通信电（光）缆、局域网络电（光）缆已确认保护措施并已落实：基层站队信息技术员。

（7）地下供排水、消防管线、工艺管线已确认保护措施并已落实：基层站队领导。

（8）已按施工方案图划线和立桩：基层站队业务主管人员。

（9）作业地点处于易燃、易爆场所，需要动火时已办理了用火许可证：基层站队安全管理人员。

（10）动土地点有电线、管道等地下设施，已向作业单位交底并派人监护：基层站队领导。

（11）作业现场围栏、警戒线、警告牌、夜间警示灯已按要求设置：基层站队安全管理人员。

（12）已进行放坡处理和固壁支撑：项目负责部门领导。

（13）人员进入口和撤离安全措施已落实：①梯子；②修坡道：基层站队安全管理人员。

（14）道路施工作业已报交通、消防、安全监督管理部门、应急中心：基层站队领导。

（15）备有可燃气体检测仪、有毒介质检测仪：基层站队安全管理人员。

（16）现场夜间有充足照明：基层站队安全管理人员。

（17）作业人员已佩戴防护器具：基层站队安全管理人员。

（18）动土范围内无障碍物，并已在总图上做标记：基层站队业务主管人员。

（19）视频监控措施已落实：基层站队安全管理人员。

（20）其他安全措施：基层站队安全管理人员。

（21）申请单位意见：基层站队领导（注明是否同意）。

（22）施工单位：施工单位现场负责人（注明是否同意）。

（23）有关水、电、气（汽）、通信、工艺、设备、消防等部门会签意见：基层站队专业技术人员或分管业务的站队领导（注明是否同意）。

（24）项目负责部门审批意见：项目负责部门领导（注明是否同意）。

（25）完工验收：双方监护人（注明是否同意）。

（26）对于列举的安全措施，若确认没有该项措施，在该措施的序号处打"×"，但确认没有该项措施的人员必须签字。

（27）当安全措施签字人选不能满足上述指导意见时，由基层站队领导指定本站队在现场的人员签字确认相关安全措施。

第3章 高处作业

3.1 总则

（1）高处作业是指在距离坠落基准面高度2m以上（含2m）有坠落可能的位置进行的作业，包括上下攀援等空中移动过程。

（2）高处作业分为4个等级：Ⅰ级（$2m \leq h_w \leq 5m$）、Ⅱ级（$5m < h_w \leq 15m$）、Ⅲ级（$15m < h_w \leq 30m$）、Ⅳ级（$h_w > 30m$）。经过危害分析，由于作业环境的危害因素导致风险度增加时，高处作业应进行升级管理。

（3）Ⅱ级以上高处作业，必须办理作业许可证。凡经高处作业特殊培训的岗位人员（供电线路外线工等）在进行正常岗位作业时，以及在正式巡检路线进行正常高处检查的人员不需要办理高处作业许可证。

（4）除脚手架搭设的高处作业外，必须有完成作业任务的平台或其他保证安全的作业条件。

（5）按照《特种作业人员安全技术培训考核管理规定》（总局30号令）要求，专门或经常从事高处作业人员应取得相应的资格证书。

（6）高处作业涉及用火、临时用电、进入受限空间等作业时，应办理相应的作业许可证。

（7）高处作业许可证申请人（施工单位）、审批人（属地单位）、接收人（施工单位的现场负责人或安全负责人、技术负责人）、监护人应经培训，取得相应资格证。

（8）作业期间应全程视频监控。

(9) 所引用的标准、规范、制度经修订后，应执行最新修订版标准、规范、制度。

(10) 各单位的高处作业安全管理还须符合当地政府的相关规定和要求。

3.2 管理职责

3.2.1 单位职责

(1) 安全环保监察处（安全督察大队）、二级单位和重点工程建设项目（以下统称二级单位）安全监督管理部门负责监督作业许可制度的执行。

(2) 工程处、设备管理处、管道保卫处等专业主管部门负责提供专业分管范围内的高处作业业务技术支持。

(3) 二级单位工程、设备、管道等专业主管部门负责提供专业分管范围内的高处作业业务技术支持和必要的现场管理，对管辖范围内的Ⅳ级高处作业全过程安全负责，对管辖范围内的Ⅰ级、Ⅱ级、Ⅲ级高处作业安全负管理责任。

(4) 基层站队和项目分部（以下统称基层单位）对管辖范围内所有高处作业全过程的安全负责。未设置项目分部的项目部，此项职责由项目部负责。

(5) 二级单位安全监督管理部门负责组织许可证申请人（施工单位）、审批人（二级单位和基层单位）、接收人（施工单位的现场负责人或安全负责人、技术负责人）、监护人的业务培训和资格认定。安全环保监察处负责公司员工资格证的颁发，二级单位负责施工单位人员资格证的颁发。

(6) 施工单位或作业单位（以下统称施工单位）负责人持施工任务单，到作业所在的基层单位办理高处作业许可证。对于Ⅳ级高处作业，按照专业分工，基层单位上报二级单位工程、设备、管道等专业主管部门。

(7) 基层单位确定基层单位现场负责人。Ⅳ级高处作业，二级单位确定二级单位现场负责人。

(8) Ⅰ级高处作业，基层单位现场负责人组织相关人员对作业程序和

安全措施进行现场确认；Ⅱ级、Ⅲ级高处作业，基层单位审批作业许可证的领导组织相关人员对作业程序和安全措施进行现场确认；Ⅳ级高处作业，二级单位审批作业许可证的处级领导组织相关人员对作业程序和安全措施进行现场确认。作业程序和安全措施现场确认后，在许可证相应栏内签字。

（9）基层单位现场负责人组织相关人员向施工单位负责人进行安全技术交底。施工单位负责人向施工作业人员进行交底，并安排作业监督人员。基层单位对Ⅱ级以上高处作业的全过程实施现场监督。

（10）高处作业完工后，基层单位与施工单位现场安全负责人应在许可证完工验收栏签字。

3.2.2　作业人员职责

（1）在作业前充分了解作业的内容、地点（位号）、时间和作业要求，熟知作业中的危害因素和许可证中的安全措施。

（2）持有有效的高处作业许可证，并对许可证上的安全防护措施确认后，方可进行高处作业。

（3）对安全措施不落实而强令作业时，作业人员应拒绝作业，并向上级报告。

（4）在作业中如发现异常或感到不适等情况，应及时发出信号，并迅速撤离现场。

3.2.3　属地单位监护人员职责

（1）了解作业区域或岗位的生产过程，熟悉工艺操作和设备状况；了解周边环境和风险，熟悉应对突发事件的处置程序。

（2）接到许可证后，应在技术人员和单位负责人的指导下，逐项检查落实安全措施。

（3）应佩戴明显标志，当发现高处作业内容与许可证不相符合，或者相关安全措施不落实时，有权制止作业；作业过程中出现异常时，应及时采取措施，有权终止作业。

（4）作业过程中，监护人不得随意离开现场，确需离开时，收回作业许可证，暂停作业。

3.2.4 施工单位监护人员职责

（1）了解周边环境和风险，熟悉应对高处作业突发事件的处置程序。

（2）作业前，在施工单位负责人的指导下，逐项检查落实安全措施。

（3）应佩戴明显标志，当发现高处作业内容与许可证不相符合，或者相关安全措施不落实时，有权制止作业；作业过程中出现异常时，应及时采取措施，有权终止作业。

（4）作业过程中，监护人不得随意离开现场，确需离开时，暂停作业。

3.3 管理内容及要求

3.3.1 高处作业前的要求

进行高处作业前，应针对作业内容进行 JSA 分析，根据识别与评价结果，确定相应的作业程序及安全措施。

3.3.2 作业安全措施

（1）从事高处作业时，必须设专人监护。

（2）凡患有未控制的高血压、恐高症、癫痫、晕厥及眩晕症、器质性心脏病或各种心律失常、四肢骨关节及运动功能障碍疾病，以及其他不适于高处作业疾患的人员，不得从事高处作业。

（3）高处作业人员进行作业前，需提供有效的健康体检报告，健康体检报告附在高处作业许可证后面。健康体检应符合《职业健康监护技术规范》（GBZ 188）的要求。在条件受限时，可以通过入厂前作业队伍组织集体体检，提供书面材料，证明参加高处作业人员无作业相关的禁忌症等办法满足作业健康的要求。

（4）基层单位与施工单位现场安全负责人应对作业人进行必要的安全教

育，其内容包括所从事作业的安全知识、作业中可能遇到意外时的处理和救护方法等。

（5）应制定应急预案，其内容包括作业人员紧急状况下的逃生路线和救护方法，现场应配备的救生设施和灭火器材等。现场人员应熟知应急预案的内容。15m 及以上高处作业应配备通信联络工具。

（6）高处作业人员应正确佩戴符合国家标准的安全带，安全带应系挂在施工作业处上方的牢固构件上，不得系挂在有尖锐棱角或有可能转动的部位。安全带系挂点下方应有足够的净空，安全带应高挂低用。在不具备安全带系挂条件时，应增设生命绳、安全网等安全设施，确保高处作业的安全。

（7）劳动保护用品应符合高处作业的要求。对于需要戴安全帽进行的高处作业，作业人员应系好安全帽带。原则上禁止穿硬底或带钉易滑的鞋进行高处作业。

（8）应根据实际需要配备符合 GB 26557 等标准安全要求的梯子、挡脚板、跳板等，脚手架的搭设必须符合《建筑施工扣件式钢管脚手架安全技术规范》（JGJ 130）、《建筑施工门式钢管脚手架安全技术规范》（JGJ 128）、《建筑施工碗扣式钢管脚手架安全技术规范》（JGJ 166）和《石油化工工程钢脚手架搭设安全技术规范》（SH/T 355—2014）等相关规范和标准及中国石化建设项目 HSE 作业指导书《脚手架作业指导书 SEP—HSE—ZD—3045—2015》的要求，并经过验收、挂合格标识牌后方可使用。高处作业平台四周应设置防护栏、挡脚板；临边及洞口四周应设置防护栏杆、警示标志或采取覆盖措施。高处带压堵漏等特殊情况应设置逃生通道。

（9）高处作业人员不得站在不牢固的结构物上进行作业，不得在高处做与工作无关事项。在彩钢瓦屋顶、石棉板、瓦棱板等轻型材料上方作业时，必须铺设牢固的脚手板，并加以固定，脚手板上要有防滑措施。

（10）在没有安全防护设施的条件下，严禁在屋架、桁架的上弦、支撑、檩条、挑架、挑梁、砌体、未固定的构件上行走或作业。

（11）高处作业严禁上下投掷工具、材料和杂物等，所用材料应堆放平稳，并设安全警戒区，安排专人监护。工具在使用时应系有安全绳，不用时应将工具放入工具套（袋）内，高处作业人员上下时手中不得持物。在同一坠落方向上，不得进行上下交叉作业，如需进行交叉作业，中间应设置安全防护层，坠落高度超过24m的交叉作业，应设双层安全防护。

（12）高处铺设格栅板、花纹板时，要按照安全作业方案和作业程序，必须按组边铺设、边固定；铺设完后，要及时组织检查和验收。

（13）因作业需要，临时拆除或变动安全防护设施时，应经作业审批人员同意，并采取相应的防护措施，作业后应立即恢复，重新组织脚手架等验收。

（14）在气温高于35℃（含35℃）或低于5℃（含5℃）条件下进行高处作业时，应采取防暑、防寒措施；当气温高于40℃时，必须停止高处作业。

（15）在邻近地区设有排放有毒、有害气体及粉尘超出允许浓度的烟囱及设备的场合，严禁进行高处作业。如在允许浓度范围内，也应采取有效的防护措施，预先与作业所在地有关人员取得联系，确定联络方式，并为作业人员配备必要的且符合相关国家标准的防护器具（如空气呼吸器、过滤式防毒面具或口罩等）。

（16）雨、雪天作业时，应采取防滑、防寒措施；遇有不适宜高处作业的恶劣气象条件（如五级以上强风、雷电、暴雨、大雾等）时，严禁露天高处作业；暴风雪、台风、暴雨后，应对作业安全设施进行检查，发现问题立即处理。

（17）作业场所光线不足时，应对作业环境设置照明设备，确保作业需要的能见度。

（18）同一垂直方向交叉作业，应采取"错时、错位、硬隔离"的管理和技术措施。

（19）应推进标准化作业，尽可能降低和减少高处作业的频次和时间。

3.3.3 许可证的管理

（1）许可证一式四联，审批（签发）单位留存第一联，施工单位作业人员持有第二联，监护人员持有第三联，第四联由施工单位送至控制室或岗位

固定位置，或基层单位安全管理岗位。

（2）作业完工验收后，许可证由安全监督管理部门（安全管理岗位）保存，按月归档，保存期限为1年。Ⅰ级、Ⅱ级、Ⅲ级高处作业许可证，第一联和第四联由基层单位安全管理岗位存档；Ⅳ级高处作业许可证，第一联由二级单位安全监督管理部门存档，第四联由基层单位安全管理岗位存档。

（3）许可证的有效期为作业项目一个周期，最长有效期不得超过3日。当作业中断，再次作业前，应重新对环境条件和安全措施予以确认；当作业内容和环境条件变更时，需要重新办理许可证。

3.4 检查、监督与考核

（1）安全环保监察处（安全督察大队）、工程处（项目管理中心）、设备管理处、管道保卫处及各二级单位、基层单位通过视频、现场检（抽）查的方式对高处作业进行监督，对不符合规定的行为及时制止、纠正。情节严重的，予以严肃处理。

（2）安全环保监察处（安全督察大队）、工程处（项目管理中心）、设备管理处、管道保卫处及各二级单位、基层单位在安全、综合、专业等检（督）查工作中，将高处作业管理作为检（督）查内容，依据检（督）查情况进行考核。

（3）因高处作业发生事故，依据法律、法规和相关规定进行处理。

3.5 事故案例

3.5.1 事故过程

某年4月15日，某石化工程公司分包商——某网架有限公司4名员工在新建硫黄造粒厂房进行施工。14时25分左右，在铺设厂房顶棚的压型钢板

（钢板厚度为 0.4mm，高度为 18.15m）时，杨某不慎从房顶坠落到二层平台（高度为 7.5m），经医院抢救无效死亡。

3.5.2 事故原因

3.5.2.1 直接原因

（1）杨某踩在了待固定的压型钢板上，钢板受压变形，与钢梁搭接处脱开，导致坠落事故。

（2）高处作业未系安全带。

（3）高处作业防坠落安全措施不完善，没有设置安全绳、安全网等防护措施。

3.5.2.2 间接原因

（1）未进行 JSA 分析评估。

（2）安全教育缺失。

（3）现场监督不到位。

3.6 表格

表 3-1 为中国石化高处作业许可证。

表 3-1 中国石化高处作业许可证（ 级）

作业证编号：　　　　　　　　　　　　　　　　　　　　第＿＿联/共四联

所属单位		填写人	
施工单位		施工单位负责人	
作业内容		施工地点	
作业人			
监护人		监护人证号	
许可证有效期		年　月　日至　　年　月　日	

续表

序　号	主要安全措施	确认人签名
1	开展 JSA 风险分析，并制定相应作业程序和安全措施	
2	作业人员身体条件符合要求，着装符合工作要求	
3	作业人员佩戴符合要求的安全带	
4	作业人员携带有工具袋，所用工具系有安全绳	
5	交叉作业已落实"错时、错位、硬隔离"要求	
6	使用的脚手架、吊笼、防护栏、梯子等符合安全要求	
7	临边及洞口四周设置防护栏、警示标志或覆盖，垂直分层作业中间有隔离设施	
8	在石棉瓦等轻型材料上方作业时，需铺设牢固的脚手板	
9	高处作业有充足照明	
10	在高度 15m 及以上进行高处作业，应配备通信、联络工具	
11	作业人员佩戴：①空气式呼吸器；②过滤式呼吸器	
12	视频监控已落实	
13	其他补充安全措施	

施工单位负 责人意见： 　　年　　月　　日	基层单位现场 负责人意见： 　　年　　月　　日	基层单位（或二级单位） 领导审批意见： 　　年　　月　　日
完工验收 　年　月　日　时　分	施工单位签名：	基层单位签名：

注：1. 许可证一式四联，审批（签发）单位留存第一联，施工单位作业人员持有第二联，属地单位监护人员持有第三联，第四联由施工单位送至控制室或岗位固定位置，或基层单位安全管理岗位。

　　2. 作业许可证签字指导意见：

（1）所属单位：属地基层单位。

（2）填写人：办理作业许可证的基层单位人员，由基层单位指定。

（3）开展 JSA 风险分析，并制定相应作业程序和安全措施：基层单位现场负责人。

（4）作业人员身体条件符合要求，着装符合工作要求：二级单位安全监督管理部门负责人或管理人员（Ⅳ级高处作业）；基层单位安全管理人员（Ⅰ级、Ⅱ级、Ⅲ级高处作业）。

（5）作业人员佩戴符合要求的安全带：二级单位安全监督管理部门负责人或管理人员（Ⅳ级高处

· 45 ·

作业）；基层单位安全管理人员（Ⅰ级、Ⅱ级、Ⅲ级高处作业）。

(6) 作业人员携带有工具袋，所用工具系有安全绳：基层单位现场负责人。

(7) 交叉作业已落实"错时、错位、硬隔离"要求：二级单位现场负责人（Ⅳ级高处作业）；基层单位现场负责人（Ⅰ级、Ⅱ级、Ⅲ级高处作业）。

(8) 使用的脚手架、吊笼、防护栏、梯子等符合安全要求：二级单位现场负责人（Ⅳ级高处作业）；基层单位现场负责人（Ⅰ级、Ⅱ级、Ⅲ级高处作业）。

(9) 临边及洞口四周设置防护栏、警示标志或覆盖，垂直分层作业中间有隔离设施：基层单位现场负责人。

(10) 在石棉瓦等轻型材料上方作业时，需铺设牢固的脚手板：基层单位现场负责人。

(11) 高处作业有充足照明：基层单位现场负责人。

(12) 在高度15m及以上进行高处作业，应配备通信、联络工具：基层单位现场负责人。

(13) 作业人员佩戴：①空气式呼吸器；②过滤式呼吸器：二级单位安全监督管理部门负责人或管理人员（Ⅳ级高处作业）；基层单位安全管理人员（Ⅰ级、Ⅱ级、Ⅲ级高处作业）。

(14) 视频监控已落实：基层单位现场负责人。

(15) 其他补充安全措施：二级单位现场负责人（Ⅳ级高处作业）；基层单位现场负责人（Ⅰ级、Ⅱ级、Ⅲ级高处作业）。

(16) 施工单位负责人意见：施工单位现场负责人（要注明是否同意）。

(17) 基层单位现场负责人意见：基层单位现场负责人（要注明是否同意）。

(18) 基层单位（或二级单位）领导审批意见：对于Ⅰ级、Ⅱ级、Ⅲ级高处作业，基层单位具有签发作业许可证资格的领导，原则上为主管该项作业的领导（要注明是否同意）；对于Ⅳ级高处作业，二级单位具有签发作业许可证的处级领导，原则上为主管该项作业的处级领导（要注明是否同意）。

(19) 完工验收：施工单位与基层单位现场安全负责人（要注明是否同意验收）。

(20) 对于列举的主要安全措施，若确认没有该项措施，在该措施的序号处打"×"，但确认没有该项措施的人员必须签字。

(21) 当主要安全措施签字人选不能满足上述指导意见时，由作业许可证审批（签发）人指定属地单位在现场的人员确认相关安全措施并签字。

第4章
进入受限空间作业

4.1 总则

（1）受限空间是指进出口受限，通风不良，可能存在易燃易爆、有毒有害物质或缺氧，对进入或探入人员的身体健康和生命安全构成威胁的封闭、半封闭设施及场所，如反应器、塔、釜、槽、罐、炉膛、锅筒、管道以及地下室、窨井、坑（池）、下水道或其他封闭、半封闭场所。

（2）进入受限空间作业必须办理许可证，涉及用火、临时用电、高处等作业时，必须办理相应的作业许可证。

（3）许可证审批人和监护人应持证上岗，安全监督管理部门负责组织业务培训，颁发资格证书。

（4）作业过程要实行全过程视频监控。对确实难以实施视频监控的作业场所，应在受限空间出口设置视频监控。

（5）受限空间作业要实行"三不进入"：即无进入受限空间作业许可证不进入，监护人不在场不进入，安全措施不落实不进入。

（6）根据《管道储运有限公司作业许可安全管理办法》，由作业许可的实施责任主体负责作业人员的现场作业安全教育。

4.2 管理职责

4.2.1 进入受限空间作业申请

按照"谁的业务谁申请"的原则，由基层部队提出许可申请，填报许可证。

4.2.2 许可证审批

（1）二级单位（包括重点工程建设项目部，以下同）分管业务的处级领导对作业程序和安全措施确认后，签发作业许可证。

（2）经授权的基层站队（包括重点工程建设项目部的项目分部，以下同）主要负责人、分管业务的站队领导对作业程序和安全措施确认后，签发作业许可证。

（3）基层站队主要负责人和分管业务站队领导经二级单位组织安全培训、考核，取得进入受限空间作业许可证审批人资格证书，代表得到了签发进入受限空间作业许可证的授权。

（4）原油储罐清罐后第一次进入罐内作业，必须由二级单位分管业务的处级领导签发作业许可证。

4.2.3 承包商作业

由承包商进行的受限空间作业，基层部队必须向施工单位进行现场检查交底，基层部队有关站领导、专业技术人员会同施工单位的现场负责人及有关专业技术人员、监护人，对需进入作业的设备、设施进行现场检查，对进入受限空间作业内容、可能存在的风险以及施工作业环境进行交底，结合施工作业环境对许可证列出的有关安全措施逐条确认，并将补充措施确认后填入相应栏内。

4.2.4 作业监护

基层站队与施工单位现场安全负责人对受限空间作业的全过程实施现场监督，施工单位负责人应向施工作业人员进行作业程序和安全措施交底，并指派作业监护人。

4.2.5 作业监护人职责

（1）作业监护人由受限空间属地管理二级单位或基层站队指派。由承包商进行的受限空间作业，承包商也须指派作业监护人，实行"双监护"。

（2）作业监护人应熟悉作业区域的环境和工艺情况，有判断和处理异常情况的能力，掌握急救知识。

（3）作业监护人在作业人员进入受限空间作业前，负责对安全措施落实情况进行检查，发现安全措施不落实或不完善时，有权拒绝作业。

（4）作业监护人应清点出入受限空间的作业人数，在出入口处保持与作业人员的联系，严禁离岗。当发现异常情况时，应及时制止作业，并立即采取救护措施。

（5）作业监护人必须实行全过程监护，作业监护人在作业期间，不得离开作业现场或做与监护无关的事。

4.2.6 作业人员职责

（1）作业前，应认真查看许可证内容，充分了解作业的内容、地点（位号）、时间和要求，熟知作业中的危害因素和安全措施。

（2）作业人员在安全措施不落实、作业监护人不在场等情况下有权拒绝作业，并向上级报告。

（3）服从作业监护人的指挥，禁止携带作业器具以外的物品进入受限空间。如发现作业监护人不履行职责，应立即停止作业。

（4）在作业中发现异常情况或感到不适应、呼吸困难时，应立即向作业监护人发出信号，迅速撤离现场，严禁在有毒、窒息环境中摘下防护面罩。

4.2.7 完工验收

进入受限空间作业完毕后，基层站队与施工单位现场负责人在许可证完工验收栏中签字确认。

4.3 管理内容及工作程序

4.3.1 管理内容及要求

（1）在常开受限空间的醒目位置，设置严禁擅自进入受限空间的警示标识，设置围栏等防止误闯入的"硬隔离"措施。

（2）进入受限空间作业前，作业申请单位应会同施工单位针对作业内容，开展 JSA 分析，分析受限空间内是否存在缺氧、富氧、易燃易爆、有毒有害、高温、负压等危害因素，制定相应作业程序、安全防范和应急措施。制定的安全措施在许可证中应进行落实确认。

4.3.2 作业安全措施

（1）基层站队及施工单位现场安全负责人应对现场监护人和作业人员进行必要的安全教育。至少包括：有关安全规章制度；可能存在的危险、危害因素及应采取的安全措施；个体防护器具的使用方法及注意事项；事故的预防和自救知识；相关事故的经验和教训。

（2）制定安全应急预案或安全措施，其内容包括：作业人员紧急状况时的逃生路线和救护方法；监护人与作业人员约定联络信号；现场应配备的救生设施和灭火器材等。现场人员应熟知应急预案内容，在受限空间外的现场配备一定数量符合规定的应急救护器具（包括空气呼吸器、供风式防护面具、救生绳等）和灭火器材。出入口内外不得有障碍物，保证其畅通无阻，便于人员出入和抢救疏散。

（3）当受限空间状况改变时，作业人员应立即撤出现场，并应在入口处设置警告牌，严禁入内，同时采取措施防止误入。处理后需再进行 JSA 分析

并重新办理许可证方可进入。

（4）在进入受限空间作业前，应切实做好工艺处理工作，将受限空间吹扫、蒸煮、置换合格；对所有与其相连且可能存在可燃可爆、有毒有害物料的管线、阀门加盲板隔离，不得以关闭阀门代替安装盲板。盲板处应挂标识牌。

（5）为保证受限空间内空气流通和人员呼吸需要，可采用自然通风，必要时采取强制通风，管道送风前应对风源进行分析确认，严禁向内充氧气。进入受限空间内的作业人员每次工作时间不宜过长，应轮换作业或休息。

（6）对带有搅拌器等转动部件的设备，应在停机后切断电源，摘除保险或挂接地线，并在开关上挂"有人工作、严禁合闸"警示牌，必要时派专人监护。

（7）进入受限空间作业应使用安全电压和安全行灯。进入金属容器（炉、塔、釜、罐等）和特别潮湿、工作场地狭窄的非金属容器内作业，照明电压不大于12V。在潮湿环境中作业时，作业人员应站在绝缘板上，同时保证金属容器接地可靠。需使用电动工具或照明电压大于12V时，应按规定安装漏电保护器，其接线箱（板）严禁带入容器内使用。作业环境中原来盛装爆炸性液体、气体等介质的，应使用防爆电筒或电压不大于12V的防爆安全行灯，行灯变压器不得放在容器内或容器上；作业人员应穿戴防静电服装，使用防爆工具，严禁携带手机等非防爆通信工具和其他非防爆器材。

（8）作业前15min内，应根据受限空间设备的工艺条件对受限空间进行有毒有害、可燃气体、氧含量检测（分析），检测（分析）合格后方可进入。分析结果报出后，样品至少保留4个小时。作业中断时间超过30min时，应重新进行检测（分析）。检测（分析）仪器应在校验有效期内，使用前应保证其处于正常工作状态。检测人员对受限空间检测时，应采取有效的个体防护措施。

（9）检测（取样分析）应有代表性、全面性。当受限空间容积较大时，应对上、中、下各部位检测（取样分析），保证受限空间内部任何部位的可燃气体浓度和氧含量合格（采用便携式气体检测仪检测时，可燃气体浓度低于爆炸下限值（LEL）的10%的合格。使用色谱分析等分析手段时，当可燃气体爆炸下限大于4%时，其被测浓度不大于0.5%为合格；当可燃气体爆炸下限小于4%时，其被测浓度不大于0.2%为合格；氧含量19.5%~23.5%为合格），有毒、有害物质不得超过国家规定的"车间空气中有毒物质最高容许浓度"指标（H_2S 最高允许浓度不得大于 $10mg/m^3$）；受限空间内温度宜在常温左右。检测结果如有1项不合格，应立即停止作业。

（10）作业人员进入受限空间要佩带便携式检测气体报警仪，作业中应定时检测，至少每2个小时检测1次，如检测分析结果有明显变化，则应加大检测频率。对可能释放有害物质的受限空间，应连续检测，情况异常时应立即停止作业，撤离人员，对现场进行处理，检测（分析）合格后方可恢复作业。

（11）对盛装过产生自聚物的设备容器，作业前应进行工艺处理，采取蒸煮、置换等方法，并做聚合物加热等实验。

（12）进入受限空间作业，不得使用卷扬机、吊车等运送作业人员；作业人员所带的工具、材料须登记，禁止与作业无关的人员和物品工具进入受限空间。

（13）在特殊情况下，作业人员可戴供风式面具、空气呼吸器，必要时应拴带救生绳等。当使用供风式面具时，必须安排专人监护供风设备。

（14）进入受限空间作业期间，严禁同时进行各类与该受限空间有关的试车、试压或试验。

（15）发生人员中毒、窒息的紧急情况，抢救人员必须佩戴隔离式防护面具进入受限空间，严禁无防护救援，并至少有1人在受限空间外部负责联络工作。

（16）作业停工期间，应在入口处设置"严禁入内"警告牌，采取设置围栏等防止误进入的"硬隔离"措施。作业结束后，应对受限空间进行全面检查，清点人数和工具，确认无误后，施工单位和基层站队双方签字验收，人孔立即封闭。

（17）所有打开的人孔在分析合格之前及非作业期间，必须要用人孔封闭器进行封闭并挂"严禁进入"警示牌，严禁私自进入。

（18）作业期间发生异常变化，或现场鸣消防警报、紧急撤离警报时，应立即停止作业，经处理并达到安全作业条件后，需重新办理作业许可证，方可继续作业。

4.4　许可证管理

（1）许可证是进入受限空间作业的依据，不得涂改；确需修改，须经签发人在修改内容处签字确认。若许可证中安全措施、气体检测、评估等栏目内容填满后，应另加附页。许可证和附页应妥善保管，保存期为 1 年。

（2）许可证一式四联，第一联存放在签发部门（基层站队安全管理岗位存档），第二联由作业负责人持有，第三联由监护人持有，第四联存放在作业点所在的操作控制室或岗位。

（3）许可证中各栏目分别由相应责任人填写，其他人不得代签；作业人员、监护人姓名应与许可证一致。

（4）许可证的有效期为 24 个小时。当作业中断半个小时以上再次作业前，应重新对环境条件和安全措施进行确认；当作业内容和环境条件变更时，必须重新办理许可证。

（5）作业完工验收后，许可证应由安全部门（安全管理岗位）统一保存，按月归档，保存期限为 1 年。

4.5　检查、监督与考核

（1）安全环保监察处、设备管理处、工程处、管道保卫处及各单位、各重点工程建设项目部、基层站队通过视频、现场检（抽）查的方式对进入受限空间作业进行监督，对不符合规定的行为及时制止、纠正。情节严重的，予以严肃处理。

（2）安全环保监察处、设备管理处、工程处、管道保卫处及各单位、各重点工程建设项目部、基层站队在安全、综合、专业等检查工作中，将进入受限空间作业管理作为检查内容，依据检查情况进行考核。

（3）因进入受限空间作业发生事故，依据法律、法规和相关规定进行处理。

4.6 事故案例

4.6.1 事故过程

某年 11 月 11 日 13 时 30 分左右，某石化 230×10^4 t 焦化装置现场，某建设公司分包商作业人员在对地下轻污油罐 D-116 抽水封罐作业过程中，违章进入罐内，导致 2 人死亡。

4.6.2 事故原因

4.6.2.1 直接原因

事故的直接原因为氮气窒息。

（1）事故后检测分析：罐内气体中含氧量仅 3.8% （体积分数）。氮气源与污油罐连接的阀门内漏，氮气进入污油罐内，形成窒息性环境。

（2）作业人员违章作业，在未办理受限空间许可证、未采取任何防护措施的情况下，擅自进入轻污油罐内作业，因罐内氧气含量不足，导致窒息事故。

（3）救援人员缺乏应急救援知识，盲目施救，导致事故扩大。

4.6.2.2 间接原因

（1）对现场存在的风险辨识不足，未进行作业安全分析（JSA）。

（2）没有进行安全交底。

（3）承包商与生产单位之间沟通不足。

（4）未对承包商作业人员进行安全知识技能的教育培训。

（5）没有进入受限空间事故的应急预案及演练记录。

（6）进入受限空间之前没有进行罐内气体检测分析。

（7）现场安全监督检查缺失。

4.7 表格

表4-1为中国石化进入受限空间作业许可证。

表4-1 中国石化进入受限空间作业许可证

作业证编号：   第＿＿联/共＿＿联

申请单位		施工单位	
设备所属单位		受限空间名称	
原有介质		主要危险因素	
作业内容			
作业人			
监护人			

检测（采样分析）数据	检测（分析）项目	氧含量	可燃气	有毒、有害介质	检测（分析）人	检测（采样）时间
	检测（分析）结果					

开工时间	年　　月　　日　　时　　分

序　号	主要风险及安全措施	确认人签名
1	开展JSA风险分析，并制定相应作业程序和安全措施	
2	盛装过可燃有毒液体、气体的受限空间，所有与受限空间有联系的阀门、管线加盲板隔离，列出盲板清单，并落实拆装盲板责任人	
3	盛装过可燃有毒液体、气体的受限空间，设备必须经过置换、吹扫、蒸煮	
4	打开设备通风孔进行自然通风，温度适宜人员作业；必要时采取强制通风或佩戴空气呼吸器，但设备内缺氧时，严禁用通氧气的方法补充氧	

续表

序 号	主要风险及安全措施	确认人签名
5	对相关设备进行处理，带有搅拌机的设备应切断电源，挂"禁止合闸"标示牌，设专人监护	
6	在进入受限空间作业期间，严禁其他与该设备相关的试车、试压或试验工作及活动	
7	检查受限空间内部，具备作业条件，清罐时应使用防爆工具	
8	检查受限空间进出口通道，不得有阻碍人员进出的障碍物	
9	盛装过可燃有毒液体、气体的受限空间，应检测（分析）可燃、有毒有害气体含量	
10	进入受限空间作业人员（首先进入人员和最后出来人员）要携带与作业环境相适应的报警仪（包括可燃气、氧、硫化氢等报警仪）	
11	作业人员应清楚受限空间内存放的其他危害因素，如内部附件、集渣坑等	
12	作业监护人应清楚出入受限空间作业人数、工具	
13	作业监护措施：视频监控（ ）、消防器材（ ）、救生绳（ ）、气防装备（ ）	
14	严禁无防护救援	
15	其他补充措施	

施工作业负责人	基层单位技术人员	二级单位分管负责人（基层站队主要负责人或分管业务的站队领导）审批
签名：	签名：	签名：
完工验收时间	年 月 日 时 分	签名：

注：1. 许可证一式四联，第一联存放在签发部门，第二联由作业负责人持有，第三联由监护人持有，第四联存放在作业点所在的操作控制室或岗位。

2. 作业许可证签字指导意见：

（1）开展 JSA 风险分析，并制定相应作业程序和安全措施：站队安全管理人员。

（2）盛装过可燃有毒液体、气体的受限空间，所有与受限空间有联系的阀门、管线加盲板隔离，列出盲板清单，并落实拆装盲板责任人：站队工艺技术员。

（3）盛装过可燃有毒液体、气体的受限空间，设备必须经过置换、吹扫、蒸煮：站队设备技术员。

（4）打开设备通风孔进行自然通风，温度适宜人员作业；必要时采取强制通风或佩戴空气呼吸器，但设备内缺氧时，严禁用通氧气的方法补充氧：站队安全管理人员。

（5）对相关设备进行处理，带有搅拌机的设备应切断电源，挂"禁止合闸"标示牌，设专人监护：站队电气管理人员。

（6）在进入受限空间作业期间，严禁其他与该设备相关的试车、试压或试验工作及活动：站队主管生产的站队领导。

（7）检查受限空间内部，具备作业条件，清罐时应使用防爆工具：站队安全管理人员。

（8）检查受限空间进出口通道，不得有阻碍人员进出的障碍物：站队安全管理人员。

（9）盛装过可燃有毒液体、气体的受限空间，应检测（分析）可燃、有毒有害气体含量：站队安全管理人员。

（10）进入受限空间作业人员（首先进入人员和最后出来人员）要携带与作业环境相适应的报警仪（包括可燃气、氧、硫化氢等报警仪）：站队安全管理人员。

（11）作业人员应清楚受限空间内存放的其他危害因素，如内部附件、集渣坑等：站队安全管理人员。

（12）作业监护人应清楚出入受限空间作业人数、工具：站队作业监护人员。

（13）作业监护措施：视频监控（ ）、消防器材（ ）、救生绳（ ）、气防装备（ ）：站队安全管理人员。

（14）严禁无防护救援：站队作业监护人员。

（15）其他补充措施：站队安全管理人员。

（16）基层单位技术人员：主管需要进入的设备、管道等设备设施的站队技术人员。

（17）完工验收：基层站队与施工单位现场负责人。

（18）对于列举的主要安全措施，若确认没有该项措施，在该措施的序号处打"×"，但确认没有该项措施的人员必须签字。

（19）当主要风险及安全措施签字人选不能满足上述指导意见时，由作业许可证签发人指定现场人员签字确认相关安全措施。

第5章
临时用电作业

5.1 总则

（1）临时用电是指在正式运行的电源上所接的非永久性用电。

（2）临时用电必须办理作业许可证，凭证作业。在输油生产区、阀室等具有火灾、爆炸危险场所内，不得随意接临时电源。

（3）凡在具有火灾、爆炸危险场所内的临时用电，在办理临时用电作业许可证前，应按照《管道储运有限公司用火作业安全管理办法》办理用火作业许可证。

（4）管道储运有限公司（以下简称"公司"）所属的工程项目和检（维）修项目施工现场临时用电管理按照本制度执行。

（5）检修、施工使用 6kV 及以上临时电源，临时用电单位（施工单位）需编制临时用电方案，向二级单位电气主管部门、重点工程建设项目站工程管理部门提出申请，按照《管道储运有限公司电气设备运行及管理规定》要求办理。

（6）配送电单位（管理配送电设备设施的基层站队、项目分部）送（停）电作业人员和临时用电单位安装临时用电线路的电气作业人员应持有效的电工特种作业操作证。

（7）许可证审批人和监护人应持证上岗，安全监督管理部门负责组织业务培训，颁发资格证书。

（8）作业期间应全程视频监控。

（9）从办公楼、公寓、职工宿舍、社区场所固定的插座取电，用于非工程项目和非检（维）修项目，不纳入本制度管理范围，但须严格执行电气管理的标准、规范及制度。

5.2 管理职责

（1）设备管理处是公司临时用电归口管理部门，安全环保监察处是公司临时用电安全监督部门。

（2）二级单位电气主管部门、重点工程建设项目部工程管理部门负责本单位临时用电归口管理，安全监督管理部门负责本单位临时用电的安全监督。

（3）配送电单位负责其管辖范围内临时用电的审批，负责配送电设施的运行管理，对临时用电单位的临时用电设施进行监督、检查。

（4）临时用电单位负责许可证的申请、临时用电方案编制和所接临时用电的运行检查及安全管理。

5.3 管理内容及要求

5.3.1 危害识别（JSA）

（1）临时用电单位会同配送电单位针对作业内容组织进行 JSA 分析，制定相应的安全措施。

（2）配送电单位在签发临时用电作业许可证前，应对安全措施进行检查。

（3）每次作业执行的安全措施须填入许可证。

5.3.2 许可证办理程序

（1）临时用电单位负责人持"电工特种作业操作证""管道储运有限公

司用火作业许可证"（火灾爆炸危险场所）、经二级单位电气主管部门（重点工程建设项目部工程管理部门）审批的临时用电方案（使用 6kV 及以上临时电源）等资料到配送电单位办理许可证。

（2）配送电单位负责人对作业程序和安全措施进行现场确认后，签发作业许可证。

5.3.3　临时用电管理

（1）临时用电作业前，临时用电单位负责人应向施工作业人员进行作业程序和安全措施交底。

（2）送电前，配送电单位和临时用电单位应检查临时用电线路和电气设备，确认"临时用电作业许可证"的安全措施全部得以落实。

（3）临时用电的漏电保护器每天在使用前必须进行漏电保护试验，严禁在试验不正常的情况下使用。

（4）配送电单位应将临时用电设施纳入正常运行电气巡回检查范围，每天不少于 2 次巡回检查，并建立检查记录和隐患问题处理通知单，确保临时供电设施完好。在存在重大隐患和发生威胁安全生产的紧急情况时，配送电单位有权进行紧急停电处理。

（5）施工单位应对临时用电设备和线路进行检查，每天不少于 2 次，并建立检查记录。

（6）临时用电单位应严格遵守临时用电规定，不得变更地点和作业内容，禁止任意增加用电负荷或私自向其他单位转供电。

（7）在临时用电有效期内，如遇施工过程中停工、人员离开时，临时用电单位应从受电端向供电端逐次切断临时用电开关。重新施工时，须对线路、设备检查确认后方可送电。

（8）临时用电的电气设备周围不得存放易燃易爆物、污染源和腐蚀介质，否则应采取防护处置措施，其防护等级必须与环境条件相适应。

（9）作业完工后，施工单位应及时通知配送电单位停电，并做相应确认后，拆除临时用电线路。

（10）安装、维修、拆除临时用电设备和线路应由持有有效电工特种作

业操作证的电工进行操作，并由持有效电工特种作业操作证的电工进行监护，做好工作记录。

5.3.4 临时用电安全技术措施

（1）临时用电单位的自备电源不得接入公用电网。

（2）临时用电工程专用的电源中性点直接接地（220V/380V）三相四线制低压电力系统，必须符合《施工现场临时用电安全技术规范》（JGJ 46）的规定。

（3）临时用电设备和线路应按供电电压等级和容量正确使用，所用电气元件应符合国家、行业规范标准要求；临时用电电源施工、安装应严格执行电气施工安装规范，并接地良好。

①在防爆场所使用的临时电源、电气元件和线路应达到相应防爆等级要求，并采用相应的防爆安全措施。

②临时用电的电气设备的接地和保护安装应符合规范的要求，保护零线（PE线）采用绝缘导线，最小截面积符合要求，严禁装设开关或熔断器；工作零线（N线）必须通过漏电保护器，通过漏电保护器的工作零线与保护零线之间不得再做电气连接。

③临时用电线路及设备的绝缘应良好。

④临时用电的电源线必须采用橡胶护套绝缘电缆。

⑤临时用电架空线应采用绝缘铜芯线，设在专用电杆上，严禁设在树木和脚手架上。架空线最大弧垂与地面距离，在施工现场不小于2.5m，穿越机动车道不小于5m。

⑥对需要埋地敷设的电缆线路应设"走向标志"和"安全标志"。电缆埋地深度不应小于0.7m，穿越公路时应加设防护套管。

⑦临时用电线路因受条件限制，无法架空和埋地敷设时，必须采取防止踩踏、碾压的保护措施。

⑧现场临时用电配电盘、箱应有编号和防雨措施，离地距离不小于30cm；配电盘、箱门牢靠关闭。

⑨在开关上接引、拆除临时用电线路时，其上级开关应断电上锁并加挂

安全警示标牌。

⑩照明变压器必须使用双绕组型安全隔离变压器，一、二次侧均应装熔断器，行灯电压不应超过36V，在特别潮湿的场所或塔、釜、槽、罐等金属设备作业装设的临时照明行灯电压不应超过12V。

⑪临时用电线路的漏电保护器的选型和安装必须符合《剩余电流动作保护器的一般要求》（GB 6829）和《漏电保护器安装和运行的要求》（GB 13955）的规定。临时用电设施应做到"一机一闸一保护"，开关箱和移动式、手持式电动工具应安装符合规范要求的漏电保护器。

5.4 许可证管理

（1）许可证一式三联，第一联由签发人留存、配送电单位安全管理岗位存档，第二联交配送电执行人，第三联由临时用电单位持有。

（2）许可证有效期限为1个作业周期。

（3）用电结束后，许可证第三联交由配送电执行人注销。

（4）许可证保存期为1年。

5.5 检查、监督与考核

（1）安全环保监察处、设备管理处、工程处及各单位、各重点工程建设项目部、基层站队通过视频、现场检（抽）查的方式对临时用电进行监督，对不符合规定的行为及时制止、纠正。情节严重的，予以严肃处理。

（2）安全环保监察处、设备管理处、工程处及各单位、各重点工程建设项目部、基层站队在安全、综合等检查工作中，将临时用电管理作为检查内容，依据检查情况进行考核。

（3）因临时用电发生事故，依据法律、法规和相关规定进行处理。

5.6 事故案例

5.6.1 事故过程

某年2月1日12时许，某装饰工程有限公司分包施工的室内装修工程，发生一起触电死亡事故，死亡1人，死者张某，男，21岁，电工。

经调查，张某当天与其他工人一起在4号楼4层客房卫生间进行管沟开槽作业，照明采用普通插口灯头接单相橡胶电线，220V电压、200W灯泡，无固定基座的行灯。当日11时30分左右，在完成一间作业任务后，其他同志说下班了，张某说："还有半小时，可以再做一间"。于是张某在没切断电源的情况下，移动照明灯具，与其他同志分开，另找作业面。12时左右，另一工人看见走道里，张某身子靠在墙上坐在积水中口吐白泡沫，就喊张某的同事过去看一下怎么回事。发现张某身子上有电线，灯头脱落，灯炮已碎，可能触电了，于是跑过去扔掉电线，将张某抱到干燥的地方，同时通知其他人员拉闸断电，随后报警，将张某送医院抢救，经医院检查张某左手腕内侧有约5cm×3cm的电击烧伤斑迹，因电击时间过长，发现太晚，现场抢救措施不当等原因抢救无效死亡。

5.6.2 事故原因

5.6.2.1 直接原因

（1）经事故调查分析，该工程内部装饰，要用的手持电动工具较多，电源的接驳点多，用电量较大，实施作业前对现场用电未引起足够的重视，用电无措施、无方案。

（2）没有按照《施工现场临时用电安全技术规范》（JGJ 46）的要求来完善三级配电二级保护。

（3）没有遵循动力电源与照明电源分开设置的原则：设置的用电设备、电箱位置、末端开关箱的位置、相对固定漏电保护装置不符合照明使用要求，一旦漏电不能及时断电是这次触电死亡事故的主要原因。

（4）张某违反操作规程进行作业，在没有切断电源，不穿戴绝缘手套与绝缘鞋，左手抓住电线灯泡拖拉移动普通照明设备时，造成电线与灯头受力脱开，电线裸露触及左手腕，是造成其触电死亡的直接原因。

5.6.2.2 间接原因

（1）现场设施不完善，临时照明灯具无固定基座。

（2）手持照明灯未使用36V及以下电压供电。

（3）照明专用回路无漏电保护装置，发生漏电不能自动切断电源，使伤者及早脱离电源，是这起事故的原因之一。

（4）独自作业，没有监护人跟随。

5.6.2.3 事故教训

（1）该工程项目班子在施工现场没有注重安全管理。

（2）现场的事故隐患没有得到及时整改。

（3）对施工现场临时用电安全技术没有足够重视，并制定用电措施方案。

（4）没有按照规范完善施工用电的设施设备，确保"三级配电二级保护"，确保"一机一闸一保一箱"，确保照明与动力分别设置电源。

（5）如果张某能认真执行安全技术操作规范，作业时穿戴好个人劳动防护用品，移动、维修电器设备时切断电源，就不会发生触电。

（6）如果张某与其他同志不分开、有监护人跟随，发生意外时及时抢救，使伤者尽早脱离电源，用专业急救法抢救，张某就不会死亡。

5.7 表格

表5-1为中国石化临时用电作业许可证。

表 5-1　中国石化临时用电作业许可证

作业证编号：　　　　　　　　　　　　　　　　　第＿＿＿联/共三联

申请作业单位			
工程名称		施工单位	
施工地点		用电设备及功率	
电源接入点		工作电压	
临时用电人		电工证号	
临时用电时间	从　年　月　日　时　分至　年　月　日　时　分		

序　号	主要安全措施	确认人签名
1	开展 JSA 风险分析，并制定相应作业程序和安全措施	
2	安装临时线路的人员持有电工作业操作证	
3	在防爆场所使用的临时电源、电气元件和线路要达到相应的防爆等级要求并有措施	
4	临时用电的单相和混用线路采用五线制	
5	临时用电线路架空高度在装置内不低于 2.5m，道路不低于 5m	
6	临时用电线路架空连线不得采用裸线，不得在树上或脚手架上架设	
7	暗管埋设及地下电缆线路设有"走向标志"和"安全标志"，电缆埋深大于 0.7m	
8	现场临时用电配电盘、箱应有防雨措施	
9	临时用电设施安有漏电保护器，移动工具、手持式电动工具应"一机一闸一保护"	
10	用电设备、线路容量、负荷符合要求	
11	行灯电压不应超过 36V，在特别潮湿的场所或塔、槽、罐等金属设备内，不得超过 12V	
12	视频监控措施已落实	
13	其他补充安全措施	

临时用电单位意见：	供电主管部门意见（作业许可证签发人意见）：	供电执行单位意见：
（签名） 年　月　日	（签名） 年　月　日	（签名） 年　月　日

续表

送电开始	签名： 电工证号：	年 月 日 时 分
完工验收	签名：	年 月 日 时 分

注：1. 本许可证一式三联，第一联由签发人留存，第二联交配送电执行人，第三联由施工单位持有。

2. 作业许可证签字指导意见：

（1）开展 JSA 风险分析，并制定相应作业程序和安全措施：配送电单位安全管理人员。

（2）安装临时线路的人员持有电工作业操作证：配送电单位电气技术员或分管电气的站队领导。

（3）在防爆场所使用的临时电源、电气元件和线路要达到相应的防爆等级要求并有措施：配送电单位电气技术员或分管电气的站队领导。

（4）临时用电的单相和混用线路采用五线制：配送电单位电气技术员或分管电气的站队领导。

（5）临时用电线路架空高度在装置内不低于 2.5m，道路不低于 5m：配送电单位电气技术员或分管电气的站队领导。

（6）临时用电线路架空连线不得采用裸线，不得在树上或脚手架上架设：配送电单位电气技术员或分管电气的站队领导。

（7）暗管埋设及地下电缆线路设有"走向标志"和"安全标志"，电缆埋深大于 0.7m：配送电单位电气技术员或分管电气的站队领导。

（8）现场临时用电配电盘、箱应有防雨措施：配送电单位电气技术员或分管电气的站队领导。

（9）临时用电设施安有漏电保护器，移动工具、手持式电动工具应"一机一闸一保护"：配送电单位电气技术员或分管电气的站队领导。

（10）用电设备、线路容量、负荷符合要求：配送电单位电气技术员或分管电气的站队领导。

（11）行灯电压不应超过 36V，在特别潮湿的场所或塔、槽、罐等金属设备内，不得超过 12V：配送电单位电气技术员或分管电气的站队领导。

（12）视频监控措施已落实：配送电单位安全管理人员。

（13）其他补充安全措施：配送电单位安全管理人员。

（14）临时用电单位意见：临时用电单位负责人。

（15）供电主管部门意见（作业许可证签发人意见）：使用 6kV 及以上临时电源，二级单位电气主管部门（重点工程建设项目部工程管理部门）电气专业负责人；6kV 及以下临时电源，配送电单位作业许可证签发人。

（16）供电执行单位意见：配送电单位供送电班的班组长。

（17）送电开始：持有有效电工作业操作证的供送电人员。

（18）完工验收：监护人。

（19）对于列举的主要安全措施，若确认没有该项措施，在该措施的序号处打"×"，但确认没有该项措施的人员必须签字。

（20）规定有 2 人可以签字的栏目，若 2 人均在现场，排名在前的人员签字。

（21）当主要安全措施签字人选不能满足上述指导意见时，由作业许可证签发人指定现场人员签字确认相关安全措施。

第6章 盲板抽堵作业

6.1 总则

（1）盲板抽堵作业是指在设备抢修、检修及设备开、停工过程中，设备、管道内可能存有物料（气、液、固态）及一定温度、压力情况时的盲板抽堵，或设备、管道内物料经吹扫、置换、清洗后的盲板抽堵。

（2）盲板抽堵作业必须办理许可证。

（3）许可证审批人和监护人应持证上岗，安全监督管理部门负责组织业务培训，颁发资格证书。

（4）作业期间要全过程视频监控。

（5）盲板抽堵作业涉及到其他特殊作业，应按照要求办理相应的作业许可证。

6.2 管理职责

（1）各单位生产管理部门是本单位盲板抽堵作业归口管理部门，安全监督管理部门是本单位盲板抽堵作业的安全监督部门。

（2）作业所在的基层站队是作业许可的实施责任主体，负责作业许可证的申请。

（3）基层站队生产工艺技术员（包括临时代管生产工艺的技术员，以下同）提出盲板抽堵作业的需求，绘制盲板位置图（包括与盲板相邻的设备），对盲板进行统一编号，注明盲板位置和规格。

（4）基层站队设备技术员（包括临时代管设备的技术员，以下同）对每块盲板设标牌标识，标牌编号应与盲板位置图上的盲板编号一致，并负责标牌标识的挂牌。

（5）基层站队领导负责作业许可证的审批。

（6）基层站队应安排本单位有监护资格人员进行专人监护，作业全过程不得离开作业现场，当发现盲板抽堵作业人违章作业时应立即制止。

（7）盲板抽堵作业结束后由基层站队生产工艺技术员现场确认。

6.3 管理内容及要求

6.3.1 危害识别

（1）作业前，基层站队应开展 JSA 分析，并组织对盲板抽堵作业人员、监护人员进行作业内容、作业程序及要求、作业风险与对策措施、应急方案等内容的书面交底。

（2）按许可证规定填写并逐项确认安全措施。特殊安全措施应填写在许可证"其他补充安全措施"栏，若内容较多、填写不下，应另行填写作为许可证附件。

（3）针对系统复杂、危险性大的盲板抽堵作业，基层站队应制定专项应急预案，采取有效措施，由基层站队负责人统一指挥，防止发生事故。

（4）作业过程中与站中控室、处调度室保持必要的通信联系。在危及作业人员生命健康时，应立即停止盲板作业，由甲方监护人引导撤离至安全区域。

6.3.2 作业安全措施

6.3.2.1 盲板及附件选用要求

（1）盲板选材应平整、光滑，无裂纹和孔洞。

（2）应根据需隔离介质的温度、压力、法兰密封面等特性选择相应材质、厚度、口径和符合设计、制造要求的盲板、垫片及螺栓。高压盲板在使用前应经探伤合格，并符合 JB/T 450 的要求。

（3）盲板应有 1 个或 2 个手柄，便于加拆、辨识及挂牌。

（4）需要长时间盲断的，在选用盲板、螺栓和垫片等材料时，应考虑物料介质、环境和其他潜在因素可能造成的腐蚀，以满足正常生产运行需要。

（5）工程项目投产和设备设施退出运行的盲板抽堵，应组织专项风险识别，制定和落实专项安全措施。

6.3.2.2 作业过程管理

（1）由徐州调度控制中心直接指挥输油生产的基层站队，应将盲板抽堵作业情况报告至站中控室、二级单位调度室、徐州调度控制中心。由二级单位指挥输油生产的基层站队，应将盲板抽堵作业情况报告至站中控室、二级单位调度室。

（2）在盲板抽堵作业点流程的上、下游应有阀门等有效隔断；盲板应加在有物料来源阀门的另一侧，盲板两侧都要安装合格垫片，所有螺栓必须紧固到位。

（3）在有毒介质的管道、设备上进行盲板抽堵作业，应尽可能降低系统压力，作业点应为常压。对通风不良作业场所要采取强制通风等措施，防止有毒、可燃气体积聚。

（4）作业人员个人防护用品应符合 GB/T 11651 的要求。在易燃、易爆场所进行盲板抽堵作业时，应穿防静电工作服、工作鞋；在介质温度较高或较低时，应采取防烫或防冻措施。

（5）作业人员在介质为有毒有害、强腐蚀性的情况下作业时，禁止带压操作，且必须佩带便携式气体检测仪，佩戴空气呼吸器等个人防护用品。作业现场应备用一套以上符合要求且性能完好的空气呼吸器等防护用品。

（6）在易燃、易爆场所进行盲板抽堵作业时，必须使用防爆灯具与防爆工具，禁止使用黑色金属工具与非防爆灯具；有可燃气体挥发时，应采取水雾喷淋等措施，消除静电，降低可燃气体危害。

（7）作业人员应在上风向作业，不得正对法兰缝隙；在拆除螺栓时，应按对称、夹花拆除，在拆除最后两条对称螺栓前，应再次确认管道或设备内无压力。如果需拆卸法兰的管道距离支架较远，应加临时离支架或吊架，防止拆开法兰螺栓后管线下垂。

（8）距作业点30m内不得有用火、采样、放空、排放等其他作业。

（9）同一管道一次只允许进行一点的盲板抽堵作业。

（10）每块盲板必须按盲板图编号并挂牌标识，并与盲板图编号一致。

（11）对审批手续不全、交底不清、安全措施不落实、监护人不在现场、作业环境不符合安全要求的，作业人员有权拒绝作业。

6.4　许可证管理

（1）一块盲板、一次作业办理一张许可证。

（2）许可证由基层站队工艺技术员负责办理。

（3）许可证一式三联，第一联由签发单位留存，第二联由监护人持有，第三联由作业人员持有。

（4）作业完成后，由基层站队工艺技术员在第一联签字确认。基层站队安全管理岗位存档，保存期限为1年。涉及受限空间、用火等特殊作业的"盲板抽堵作业许可证"第一联、"盲板确认汇总表"应随相应作业许可证保存。

（5）作业许可证严禁涂改，当作业内容、地点、范围等有变更时，必须重新办理许可证。

6.5　检查、监督与考核

（1）安全环保监察处、运销处、设备管理处、工程处及各单位、基层站队通过视频、现场检（抽）查的方式对盲板抽堵作业进行监督，对不符合规定的行为及时制止、纠正。情节严重的，予以严肃处理。

（2）安全环保监察处、运销处、设备管理处、工程处及各单位在安全、综合等检查工作中，将盲板抽堵作业管理作为检查内容，依据检查情况进行考核。

（3）因盲板抽堵作业发生事故，依据法律、法规和相关规定进行处理。

6.6 事故案例

6.6.1 事故过程

某年 8 月 23 日，某石化塑料厂高密度聚乙烯装置循环气冷却器经检修后，运至现场。因水压试验过程中的残余水导致锈蚀，需要进行喷砂除锈并充氮保护。9 月 15 日下午，某建设公司梁某等 6 名员工对进出口管箱复位，加装封头盲板，20 时 25 分左右开始对冷却器充氮保护。现场配合充氮气的张某在冲压开始后发现冷却器南端法兰漏气，张某随即关闭了充氮阀门，此时压力表指示压力为 0.5MPa。现场施工人员对泄漏的法兰进行加固，20 时 38 分封头崩开飞出 25m，将现场施工人员分别打出 3 ~10m，导致 5 人死亡。

6.6.2 事故原因

6.6.2.1 直接原因

（1）盲板挡环受力不均匀导致发生偏移泄漏。

（2）在紧固盲板螺栓时未上齐把紧，紧固不均匀致使挡环偏出。

上述两个原因导致北端管箱挡环失效，气动扳手振动引起法兰螺栓进一步松动，挡环失效与管箱一起飞出。

6.6.2.2 间接原因

（1）作业过程安全管理人员不在现场、安全措施检查不认真。

（2）没有进行有效的作业安全分析（JSA）。

（3）法兰螺栓没有上齐把紧，没有进行检查确认就盲目作业。

（4）现场其他人员没有发现和制止违章作业行为。

（5）安全交底未落实、技术交底不到位。

6.7 表格

（1）表6-1为中国石化盲板抽堵作业许可证。

（2）表6-2为盲板确认汇总表。

表6-1 中国石化盲板抽堵作业许可证

许可证编号： 第____联/共三联

盲板编号		作业类型	□加 □抽
施工单位		施工单位负责人	
联合装置（车间）		设备管道名称	

作业人		证件号		甲方监护人		证件号	

作业实施时间	年 月 日 时 分

设备管道情况			盲板与垫片			
介质	温度	压力	盲板材质	盲板规格	垫片材质	垫片规格

序 号	抽堵主要安全措施	确认人签名
1	开展 JSA 风险分析，并制定相应作业程序和安全措施	
2	关闭盲板抽堵作业点上下游阀门	
3	盲板抽堵作业点介质排放、泄压	
4	相关岗位知晓作业	
5	作业现场与控制室通风畅通	
6	已向作业人员书面作业交底与培训	
7	距作业点30m内不得有物料排放、采样、动火等作业	
8	作业人员持证上岗	
9	高处作业办理登高作业许可证	

续表

序　号	抽堵主要安全措施	确认人签名
10	对于有毒介质，佩戴正压式空气呼吸器，并检查备用呼吸器状况良好	
11	对于腐蚀性介质，佩戴防酸碱护镜或面罩等；对于强腐蚀性介质，应穿戴全身性的防腐蚀防护用品，检查备用防护用品状况良好	
12	在介质温度较高或较低时，有防烫或防冻措施	
13	对于易燃、易爆介质，穿防静电工作服和工作鞋，使用防爆灯具和防爆工具，禁止用铁器等黑色金属敲打，并以水雾稀释	
14	对于必须带压（高于规定）等危险性大的作业，制定专项应急预案	
15	同一管道上未同时进行两处或两处以上的作业	
16	甲方监护人全程监护	
17	盲板按编号挂牌	
18	视频监控措施已落实	
19	其他补充安全措施	

盲板图	监护人意见	基层单位意见

编制人签名：

确认人签名：　　　　　　　　　　签名：　　　　　　　　　　　签名：

验收人签名：　　　　　　　　验收时间：

　　　　　　　　　　　　　年　　月　　日　　时　　分

注：1. 盲板抽堵作业许可证一式三联，第一联由签发单位留存，第二联由监护人持有，第三联由作业人员持有。

2. 作业许可证签字指导意见：

（1）开展 JSA 风险分析，并制定相应作业程序和安全措施：站队安全管理人员。

（2）关闭盲板抽堵作业点上下游阀门：站队工艺技术员。

（3）盲板抽堵作业点介质排放、泄压：站队工艺技术员。

（4）相关岗位知晓作业：站队工艺技术员。

（5）作业现场与控制室通风畅通：站队安全管理人员。

（6）已向作业人员书面作业交底与培训：站队主管生产的站队领导。

（7）距作业点 30m 内不得有物料排放、采样、动火等作业：站队主管生产的领导。

（8）作业人员持证上岗：站队安全管理人员。

（9）高处作业办理登高作业许可证：站队安全管理人员。

（10）对于有毒介质，佩戴正压式空气呼吸器，并检查备用呼吸器状况良好：站队安全管理人员。

(11) 对于腐蚀性介质，佩戴防酸碱护镜或面罩等；对于强腐蚀性介质，应穿戴全身性的防腐蚀防护用品，检查备用防护用品状况良好：站队安全管理人员。

(12) 在介质温度较高或较低时，有防烫或防冻措施：站队安全管理人员。

(13) 对于易燃、易爆介质，穿防静电工作服和工作鞋，使用防爆灯具和防爆工具，禁止用铁器等黑色金属敲打，并以水雾稀释：站队安全管理人员。

(14) 对于必须带压（高于规定）等危险性大的作业，制定专项应急预案：站队设备技术员。

(15) 同一管道上未同时进行两处或两处以上的作业：站队工艺技术员。

(16) 甲方监护人全程监护：站队安全管理人员。

(17) 盲板按编号挂牌：站队设备技术员。

(18) 视频监控措施已落实：站队安全管理人员。

(19) 其他补充安全措施：站队安全管理人员。

(20) 盲板图编制人：站队工艺技术员。

(21) 盲板图确认人：站队分管生产的站队领导。

(22) 基层单位意见：签发许可证的站领导。

(23) 验收人：站队工艺技术员。

(24) 对于列举的主要安全措施，若确认没有该项措施，在该措施的序号处打"×"，但确认没有该项措施的人员必须签字。

(25) 当主要安全措施签字人选不能满足上述指导意见时，由作业许可证签发人指定现场人员签字确认相关安全措施。

3. JSA 分析和书面交底人员指导意见：

作业前，主管生产的站队领导组织 JSA 分析，由工艺技术员牵头组织设备技术员、安全员对盲板抽堵作业人员、监护人员进行作业内容、作业程序及要求、作业风险与对策措施、应急方案等内容的书面交底。

表6-2　盲板确认汇总表

序　号	盲板所在管线号及盲板编号	盲断日期	确认人	翻通日期	确认人	备　注

盲板图：

第7章
起重作业

7.1 总则

（1）起重作业是指利用起重机械将设备、工件、器具材料等吊起，使其发生位置变化的作业过程。起重机械是指桥式起重机、门式起重机、装卸桥、缆索起重机、汽车起重机、轮胎起重机、履带起重机、铁路起重机、塔式起重机、门座起重机、桅杆起重机、液压提升装置、升降机、电葫芦及简易起重设备和辅助用具（如吊篮）等，不包括浮式起重机、矿山井下提升设备、载人起重设备和石油钻井提升设备。

（2）起重作业按起吊工件重量和长度划分为三个等级，一级为重量100t及以上或长度60m及以上；二级为重量40t（含40t）至100t；三级为重量40t以下（本段中重量实际指质量，为行业内通用说法）。

（3）各二级单位和重点工程建设项目部（以下统称二级单位）负责建立各类起重机械台账，使用单位建立技术档案。

（4）起重机械必须具有产品合格证和安全使用、维护、保养说明书；其生产厂家必须具有政府主管部门颁发的相关资质，其安全、防护装置必须齐全、完备。

（5）设计、制造、改制、维修、安装、拆除起重机械（包括临时、三级起重机械），需由取得当地政府相应部门或其授权机构颁发许可证的单位进行。改造、安装后的起重装备，应取得当地政府相关部门颁发的使用许可证后方可使用。

（6）自制、改造和修复的吊具、索具等简易起重设备，必须有设计资料（包括图纸、计算书等），并予以存档。自制、改造和修复简易起重设备必须严格按照图纸执行，并经具有检验资质的机构检验合格后方可使用。

（7）除机械制造厂、检维修车间、码头、封闭区域新建储油罐和房屋、野外施工设施搬家安装（不包括盾构机进出始发井吊装作业和封堵设备吊装作业）、长输管道野外作业（布管、组对、堆管场装卸，废弃管道拆除，不包括新建管道和在役管道连头）等固定起重作业和例行起重作业及抢修（险）涉及的起重作业外，其他起重作业（包括盾构机进出始发井吊装作业、封堵设备吊装作业、新建管道和在役管道连头吊装作业）应按本制度要求办理作业许可证。供应处货场每台汽车起重机每天上午、下午第一次吊装作业应按本制度要求办理作业许可证。

（8）利用轮胎、履带和桥式起重机等定型起重机械进行吊装作业时，还应遵守定型起重机械的操作规程。

（9）起重作业许可证申请人（施工单位）、审批人（属地单位）、接收人（施工单位的现场负责人或安全负责人、技术负责人）、监护人应经培训，取得相应资格证。

（10）作业期间应实行全程视频监控。

7.2 管理职责

（1）起重机械管理职责分工执行《管道储运有限公司特种设备管理细则（试行）》，并随着制度的修订按照修订版制度执行。

（2）承（分）包商的起重设备，由项目管理单位负责起重设备的监督管理。

（3）安全环保监察处（安全督察大队）和二级单位安全监督管理部门负责监督作业许可制度的执行。

（4）工程处、设备管理处、管道保卫处等专业主管部门负责提供专业分管范围内的起重作业业务技术支持。

（5）二级单位设备、工程、管道等专业主管部门负责提供一级起重作业专业分管范围内的业务技术支持和必要的现场管理，对管辖范围内一级起重作业全过程安全负责，对二级和三级起重作业安全负管理责任。

（6）基层站队和项目分部（以下统称基层单位）对管辖范围内所有起重作业全过程安全负责。未设置项目分部的项目部，此项职责由项目部负责。

（7）二级单位安全监督管理部门负责组织许可证申请人（施工单位）、审批人（二级单位和基层单位）、接收人（施工单位的现场负责人或安全负责人、技术负责人）、监护人的业务培训和资格认定。安全环保监察处负责公司员工资格证的颁发，二级单位负责施工单位人员资格证的颁发。

（8）二级单位人力资源管理部门负责组织本单位起重作业人员的培训，确保作业人员持证上岗。

（9）起重重量大于40t的重物，或不足40t，但形状复杂、刚度小、长径比大、精密贵重、作业条件特殊的物件，必须编制起重作业方案，作业方案由施工单位负责编制，报监理和二级单位审批。没有施工单位或监理参与的起重作业，此项工作由二级单位负责，作业方案由作业主管部门组织编制，报二级单位业务分管处级领导审批。

（10）起重作业由属地基层单位提出申请，并指定现场负责人和作业许可证办理人。

（11）一级起重作业许可由二级单位业务分管处级领导审批，审批人组织作业完毕后的现场检查。

（12）基层单位领导负责管辖范围内的二级、三级起重作业许可审批，组织作业完毕后的现场检查。

7.3 管理内容及要求

7.3.1 安全管理

（1）进行起重作业前，应针对作业内容进行JSA分析，确定相应的作业程序和安全措施。

（2）各单位（包括施工单位）应按照国家标准规定、集团公司和管道公司相关标准制度对起重机械进行日检、月检和年检，发现的起重设备问题要及时进行检修处理，并保存检修档案。

（3）起重指挥人员、司索人员（起重工）和起重机械操作人员，应持有当地政府相关部门颁发的"特种作业人员操作证"，方可从事指挥和操作。

（4）一级起重作业前，该作业的公司主管部门牵头组织安全环保监察处、工程处、设备管理处、管道保卫处等相关的专业技术部门对作业方案、作业安全措施和应急预案进行风险评估和审查。

7.3.2 安全检查内容

起重作业前，应对以下项目进行安全检查：

（1）基层单位现场负责人对从事指挥、司索和操作人员进行资格确认。

（2）作业许可证审批人组织检查的项目：

①对起重机械和吊具保护装置进行安全检查确认，确保处于完好状态。

②对安全措施落实情况进行确认。

③对吊装区域内的安全状况进行检查（包括吊装区域的划定、标识、障碍）。

④核实天气情况。

7.3.3 安全措施

（1）起重作业时，必须明确指挥人员，指挥人员应佩戴明显的标志。

（2）起重指挥人员必须按规定的指挥信号进行指挥，其他操作人员应清楚吊装方案和指挥信号。

（3）起重指挥人员应严格执行吊装方案，发现问题要及时与方案编制人协商解决。

（4）正式起吊前，应进行试吊，检查全部机具、地锚受力情况。发现问题，应先将工件放回地面，待故障排除后重新试吊，确认一切正常后，方可正式吊装。

（5）吊装过程中出现故障，起重操作人员应立即向指挥人员报告。没有指挥令，任何人不得擅自离开岗位。

（6）起吊重物就位前，不得解开吊装索具。

7.4 起重操作人员应遵守的规定

（1）按指挥人员的指挥信号进行操作；对紧急停车信号，不论由何人发出，均应立即执行。

（2）当起重臂、吊钩或吊物下面有人，或吊物上有人、浮置物时，不得进行起重操作。

（3）严禁起吊超载、重量不清的物品和埋置物体。

（4）在制动器、安全装置失灵、吊钩防松装置损坏、钢丝绳损伤达到报废标准等起重设备、设施处于非完好状态时，禁止起重操作。

（5）吊物捆绑、吊挂不牢或不平衡可能造成滑动，吊物棱角处与钢丝绳、吊索或吊带之间未加衬垫时，不得进行起重操作。

（6）无法看清场地、吊物情况和指挥信号时，不得进行起重操作。

（7）起重机械及其臂架、吊具、辅具、钢丝绳、缆风绳和吊物不得靠近高低压输电线路。确需在输电线路近旁作业时，必须按规定保持足够的安全距离（表7-1），否则，应停电进行起重作业。

表7-1 起重机械、吊索、吊具及设备与架空输电线路间的最小安全距离

项目	输电导线电压/kV						
	<1	10	35	110	220	330	500
安全距离/m	2.0	3.0	4.0	5.0	6.0	7.0	8.5

（8）停工或休息时，不得将吊物、吊笼、吊具和吊索悬吊在空中。

（9）起重机械工作时，不得对其进行检查和维修。不得在有载荷的情况下调整起升、变幅机构的制动器。

（10）下放吊物时，严禁自由下落（溜）；不得利用极限位置限制器停车。

（11）两台或多台起重机械吊运同一重物时，升降、运行应保持同步；各台起重机械所承受的载荷不得超过各自额定起重能力的80%。

（12）遇六级以上大风或大雪、大雨、大雾等恶劣天气时，不得从事露天起重作业。

7.5　司索人员应遵守的规定

（1）听从指挥人员的指挥，发现险情及时报告。

（2）根据重物具体情况选择合适的吊具与吊索；不准用吊钩直接缠绕重物，不得将不同种类或不同规格的吊索、吊具混合使用；吊具承载不得超过额定起重量，吊索不得超过安全负荷；起升吊物时，应检查连接点是否牢固、可靠。

（3）吊物捆绑应牢靠，吊点与吊物的重心应在同一垂直线上。

（4）禁止人员随吊物起吊或在吊钩、吊物下停留；因特殊情况需进入悬吊物下方时，应事先与指挥人员和起重操作人员联系，并设置支撑装置。任何人不得停留在起重机运行轨道上。

（5）吊挂重物时，起吊绳、链所经过的棱角处应加衬垫；吊运零散物件时，应使用专门的吊篮、吊斗等器具。

（6）不得绑挂起吊不明重量、埋在地下或与其他物体连接在一起的重物。

（7）除具有特殊结构的吊物外，严禁单点捆绑起吊。

（8）人员与吊物应保持一定的安全距离。放置吊物就位时，应用牵引绳或撑竿、钩子辅助就位。

7.6　起重作业完毕作业人员应做好的工作

（1）将吊钩和起重臂放到规定的稳妥位置，所有控制手柄均应放到零位，对使用电气控制的起重机械，应将总电源开关断开。

（2）对在轨道上工作的起重机应有效锚定。

（3）将吊索、吊具收回放置于规定的地方，并对其进行检查、维护、保养。

（4）应告知接替工作人员设备、设施存在的异常情况及尚未消除的故障。

（5）对起重机械进行维护、保养时，应切断主电源并挂上标志牌或加锁。

7.7 许可证管理

（1）一个作业点、一个作业周期同一作业内容办理一张作业许可证。

（2）许可证一式四联，第一联存放在审批（签发）部门，第二联由基层单位留存，第三联由属地单位作业现场监护人持有，第四联由施工单位现场负责人持有。

（3）起重完工验收后，许可证应由安全监督管理部门（安全管理岗位）统一保存，按月归档，保存期限为1年。其中：一级作业许可证第一联由二级单位安全监督管理部门存档；一级作业许可证第二联、二级和三级作业许可证的第一联与第二联由基层单位存档。

7.8 检查、监督与考核

（1）安全环保监察处（安全督察大队）、工程处（项目管理中心）、设备管理处、管道保卫处及各二级单位、基层单位通过视频、现场检（抽）查的方式对起重作业进行监督，对不符合规定的行为及时制止、纠正。情节严重的，予以严肃处理。

（2）安全环保监察处（安全督察大队）、工程处（项目管理中心）、设备管理处、管道保卫处及各二级单位、基层单位在安全、综合、专业等检（督）查工作中，将起重作业管理作为检（督）查内容，依据检（督）查情况进行考核。

（3）因起重作业发生事故，依据法律、法规和相关规定进行处理。

7.9　事故案例

7.9.1　事故过程

　　某年 9 月 27 日，某石化第二化肥厂检修车间起重班 3 人在气体联合车间气化装置 1700# 现场进行管线吊装作业。作业人员意图把管线吊起来，依次放到三个管托上，再在吊车的配合下把管线与冲洗泵 P - 1601 出口管线连接在一起，由于作业现场东侧上方有大量的工艺管道，作业人员先用人力将管线东头抬起放在管托上，起重工王某独自用手扶着管线。13 时 30 分，管线开始起吊，由于起吊的速度较快，在管线离地瞬间，管线西侧弯头向南发生摆动，管线东头向北偏移，从管托中滑出，击中手扶管线的王某头部，王某倒地经抢救无效死亡。

7.9.2　事故原因

7.9.2.1　直接原因

　　（1）没有吊装指挥、司索人员，未严格执行起重作业对指挥、司索、司吊人员的安全管理规定。

　　（2）未对管托上管线采取固定措施。

　　（3）吊点选择不是平衡点，捆绑不牢固，起吊后被吊管线失去平衡。

　　（4）王某手扶管线违章作业。

7.9.2.2　间接原因

　　（1）没有经过审批的吊装方案。

　　（2）未进行作业安全分析（JSA）。

　　（3）现场安全监督缺失。

　　（4）未进行全程监控。

7.10　表格

表7-2为中国石化起重作业许可证。

表7-2　中国石化起重作业许可证

作业证编号：　　　　　　　　　　　　　　　　　　　第＿＿＿联/共四联

申请单位		申请人	
作业地点及内容			
起重指挥人员		操作证编号	
起重操作人员		操作证编号	
司索人员		操作证编号	
监护人		资格证编号	
作业时间	年　月　日　时　分至　年　月　日　时　分		

序　号	安全措施	确认人签名
1	开展JSA风险分析，并制定相应作业程序和安全措施	
2	起重操作人员、指挥人员、司索人员持有有效的资质证书；指挥人员应佩戴鲜明的标志，并按规定的联络信号统一指挥；作业人员应坚守岗位	
3	起重指挥人员必须按规定的指挥信号进行指挥，操作人员应清楚吊装方案和指挥信号	
4	起重指挥人员应严格执行吊装方案，发现问题及时与编制人协商解决	
5	正式起吊前，应进行试吊，检查全部机具、地锚受力情况；发现问题，应先将工件放回地面，待故障排除后重新试吊；确认一切正常后，方可正式吊装	
6	吊装过程中出现故障，起重操作人员应立即向指挥人员报告；没有指挥令，任何人不得擅自离开岗位	
7	起吊重物就位前，不得解开吊装索具	
8	作业前，按规定进行安全技术交底，作业人员应穿戴合格的劳保用品	
9	作业现场应实行视频监控，设定警戒线，禁止无关人员进入警戒线区域	

续表

序　号	安全措施	确认人签名
10	补充措施	

施工单位负责人意见	基层单位现场负责人意见	基层单位领导意见	二级单位领导审批意见
年　月　日	年　月　日	年　月　日	年　月　日

验收情况：	验收时间： 　　年　月　日　时　分	签名：

注：1. 起重作业许可证一式四联，第一联存放在签发部门，第二联由基层单位留存，第三联由属地单位作业现场监护人持有，第四联由施工单位现场负责人持有。

2. 作业许可证签字指导意见：

(1) 申请人：基层单位主管该项作业的领导。

(2) 起重指挥人员、起重操作人员、司索人员、监护人及其证件编号：基层单位现场负责人。

(3) 开展JSA风险分析，并制定相应作业程序和安全措施：二级单位安全监督管理部门负责人或管理人员（一级起重作业）；基层单位安全管理人员（二级、三级起重作业）。

(4) 起重操作人员、指挥人员、司索人员持有有效的资质证书；指挥人员应佩戴鲜明的标志，并按规定的联络信号统一指挥；作业人员坚守岗位：基层单位现场负责人（必须是基层单位现场负责人进行资格确认）。

(5) 起重指挥人员必须按规定的指挥信号进行指挥，操作人员应清楚吊装方案和指挥信号：基层单位现场负责人。

(6) 起重指挥人员应严格执行吊装方案，发现问题及时与编制人协商解决：基层单位现场负责人。

(7) 正式起吊前，应进行试吊，检查全部机具、地锚受力情况；发现问题，应先将工件放回地面，待故障排除后重新试吊；确认一切正常后，方可正式吊装：基层单位现场负责人。

(8) 吊装过程中出现故障，起重操作人员应立即向指挥人员报告；没有指挥令，任何人不得擅自离开岗位：基层单位现场负责人。

(9) 起吊重物就位前，不得解开吊装索具：基层单位现场负责人。

(10) 作业前，按规定进行安全技术交底，作业人员应穿戴合格的劳保用品：二级单位主管该作业的管理部门负责人或管理人员（一级起重作业）；基层单位主管该作业的领导（二级、三级起重作业）。

(11) 作业现场应实行视频监控，设定警戒线，禁止无关人员进入警戒区域：二级单位安全监督管理部门负责人或管理人员（一级起重作业）；基层单位安全管理人员（二级、三级起重作业）。

(12) 补充措施：二级单位主管该作业的管理部门负责人或管理人员（一级起重作业）；基层单位主管该作业的领导（二级、三级起重作业）。

(13) 施工单位负责人意见：施工单位现场负责人（要注明是否同意）。

(14) 基层单位现场负责人意见：基层单位现场负责人（要注明是否同意）。

（15）基层单位领导意见：基层单位具有签发二级、三级作业许可证资格的领导，原则上为主管该项作业的领导（要注明是否同意）。

（16）二级单位领导审批意见：签发一级作业许可证的处级领导，原则上为该项作业的业务分管处级领导（要注明是否同意）；对于二级、三级作业许可证，在该栏打"/"。

（17）验收情况：基层单位与施工单位现场负责人（注明是否同意验收）。

（18）对于列举的安全措施，若确认没有该项措施，在该措施的序号处打"×"，但确认没有该项措施的人员必须签字。

（19）除表中第2项、第4项外，当签字人选不能满足上述指导意见时，由作业许可证审批（签发）人指定属地单位现场人员签字确认。

第8章 脚手架安装作业

8.1 定义和分类

8.1.1 定义

脚手架是指施工现场为工人操作并解决垂直和水平运输而搭设的各种支架。

8.1.2 分类

8.1.2.1 扣件式钢管脚手架

指为建筑施工而搭设的、承受荷载的，由扣件和钢管等构成的脚手架与支撑架，统称脚手架。

8.1.2.2 门式钢管脚手架

以门架、交叉支撑、连接棒、挂扣式脚手板、锁臂、底座等组成基本结构，再以水平加固杆、剪刀撑、扫地杆加固，并采用连墙件与建筑物主体结构相连的一种定型化钢管脚手架，又称门式脚手架。

8.1.2.3 碗扣式钢管脚手架

采用碗扣方式连接的钢管脚手架和模板支撑架。

8.1.2.4 危险性较大的分部分项工程

指建筑工程在施工过程中存在的，可能导致作业人员群死群伤或造成重大不良社会影响的分部分项工程。

（1）属于危险性较大的脚手架工程如下：

①搭设高度24m及以上的落地式钢管脚手架工程。

②悬挑式脚手架工程。

③吊篮脚手架工程。

④自制卸料平台、移动操作平台工程。

⑤新型及异型脚手架工程。

（2）属于超过一定规模的危险性较大的脚手架工程如下：

①搭设高度50m及以上落地式钢管脚手架工程。

②架体高度20m及以上悬挑式脚手架工程。

③提升高度150m及以上附着式整体和分片提升脚手架工程。

8.1.2.5　脚手架挂牌

（1）红色脚手架挂牌：是用来表明脚手架还没有经过检查或是不能安全使用的标识（除脚手架搭设人员以外任何人）。

（2）绿色脚手架挂牌：用来表明脚手架已经搭接完成，经过检查，可以安全使用的标识。

注：本章主要讲扣件式钢管脚手架。

8.2　职责

8.2.1　监理单位职责

（1）审查承包商报送的施工组织设计、施工方案是否符合HSE的要求，核查承包单位的施工安全措施是否经过安全管理部门的审查批准。

（2）负责承包商脚手架方案的审批，按审批的方案和标准要求对脚手架的搭设、使用、维护和拆除过程进行监督管理。

（3）负责承包商报送的脚手架材料报审表及其质量证明资料审核，符合要求后予以签字。

（4）建立危险性较大的分部分项工程安全管理制度。

（5）应当将危险性较大的分部分项工程列入监理规划和监理实施细则，

应当针对工程特点、周边环境和施工工艺等，制定安全监理工作流程、方法和措施。

（6）对超过一定规模的危险性较大（$H \geqslant 50\text{m}$）的脚手架工程进行检查与验收签字。

8.2.2 承包商职责

（1）负责编制脚手架搭建/拆除方案，按审批的方案和标准规范进行脚手架搭建/拆除作业。

（2）负责在危险性较大的分部分项工程施工前编制专项方案；对于超过一定规模的危险性较大的分部分项工程，应当组织专家对专项方案进行论证。

（3）建立危险性较大的分部分项工程安全管理制度。

（4）负责搭建/拆除过程的安全管理及使用过程的日常维护。

（5）负责对脚手架专业搭设单位监督、管理、搭设人员的培训和考核。

（6）负责脚手架搭设前向现场管理人员和作业人员进行安全技术交底。

8.3 脚手架搭设人员的要求

（1）脚手架搭设人员应当符合下列条件：

①年满18周岁，且不超过国家法定退休年龄。

②经社区或者县级以上医疗机构体检健康合格，并无妨碍从事相应特种作业的器质性心脏病、癫痫病、美尼尔氏症、眩晕症、癔病、震颤麻痹症、精神病、痴呆症以及其他疾病和生理缺陷。

③具有初中及以上文化程度。

④具备必要的安全技术知识与技能。

⑤相应特种作业规定的其他条件。

（2）脚手架搭设人员必须经专门的安全技术培训并考核合格，取得"中华人民共和国特种作业操作证"后，方可上岗作业。

（3）脚手架搭设人员应当接受与其所从事的特种作业相应的安全技术理

论培训和实际操作培训。

（4）脚手架搭设人员有下列情形之一，将不得从事脚手架搭设作业：

①健康体检不合格的。

②违章操作造成严重后果或者有 2 次以上违章行为，并经查证确实的。

③有安全生产违法行为，并给予行政处罚的。

④拒绝、阻碍安全生产监管监察部门监督和检查的。

⑤未按规定参加安全培训，或者考试不合格的。

⑥离开脚手架搭设岗位 6 个月以上，应当重新进行实际操作考试，经确认合格后方可上岗作业。

8.4 脚手架构配件的要求

8.4.1 钢管

（1）应有产品质量合格证。

（2）脚手架钢管应采用现行国家标准《直缝电焊钢管》（GB/T 13793）或《低压流体输送用焊接钢管》（GB/T 3091）中规定的 Q235 普通钢管，钢管的钢材质量应符合现行国家标准《碳素结构钢》（GB/T 700）中 Q235 级钢的规定。

（3）脚手架钢管宜采用 $\phi 48.3 \times 3.6$ 钢管。每根钢管的最大质量不应大于 25.8kg。

（4）钢管表面应平直光滑，不应有裂缝、结疤、分层、错位、硬弯、毛刺、压痕和深的划道。

（5）钢管外径、壁厚、端面等的偏差，应分别符合表 8 - 1 的规定。

（6）钢管应涂有防锈漆。

（7）旧钢管表面锈蚀深度应符合表 8-1 中序号 1 的规定。锈蚀检查应每年进行 1 次。检查时，应在锈蚀严重的钢管中抽取 3 根，在每根锈蚀严重的部位横向截断取样检查，当锈蚀深度超过规定值时不得使用。

（8）钢管弯曲变形应符合表 8-1 中序号 1 的规定。

8.4.2 扣件

（1）扣件应有生产许可证、法定检测单位的测试报告和产品质量合格证。

（2）扣件应采用可锻铸铁或铸钢制作，其质量和性能应符合现行国家标准《钢管脚手架扣件》（GB 15831）的规定，采用其他材料制作的扣件，应经试验证明其质量符合该标准的规定后方可使用。

（3）扣件在螺栓扭力矩达到65N·m时，不得发生破坏。

（4）新、旧扣件均应进行防锈处理。

（5）扣件使用前应检查产品合格证，并应进行抽样复试，技术性能应符合现行国家标准《钢管脚手架扣件》（GB 15831）的规定。

（6）扣件在使用前应逐个挑选，有裂缝、变形、螺栓出现滑丝的扣件严禁使用。

8.4.3 脚手板

（1）脚手板可采用钢、木材料制作，单块脚手板的质量不宜大于30kg。

（2）冲压钢脚手板的材质应符合现行国家标准《碳素结构钢》（GB/T 700）中Q235级钢的规定。

（3）新脚手板应有产品质量合格证，尺寸偏差应符合表8-1中序号2的规定，且不得有裂纹、开焊与硬弯。

（4）新、旧脚手板均应涂防锈漆。

（5）应有防滑措施。

（6）木脚手板材质应符合现行国家标准《木结构设计规范》（GB 50005）中Ⅱ级材质的规定。脚手板厚度不应小于50mm，两端宜各设置直径不小于4mm的镀锌钢丝箍两道。

（7）木脚手板宽度、厚度允许偏差应符合现行国家标准《木结构工程施工质量验收规范》（GB 50206）的规定，不得使用扭曲变形、劈裂、腐朽的脚手板。

8.4.4　可调托撑

（1）应有产品质量合格证、质量检验报告。

（2）可调托撑螺杆外径不得小于36mm，直径与螺距应符合现行国家标准《梯形螺纹第2部分：直径与螺距系列》（GB/T 5796.2）和《梯形螺纹第3部分：基本尺寸》（GB/T 5796.3）的规定。

（3）可调托撑的螺杆与支托板焊接应牢固，焊缝高度不得小于6mm；可调托撑螺杆与螺母旋合长度不得少于5扣，螺母厚度不得小于30mm。

（4）可调托撑受压承载力设计值不应小于40kN，支托板厚不应小于5mm，变形不应大于1mm。

（5）严禁使用有裂缝的支托板、螺母。

表8-1　构配件的允许偏差

序　号	项　目		规格尺寸/mm	允许偏差/mm	
1	钢管	外径	48.3	±0.5	
		壁厚	3.6	±0.36	
		端面切斜偏差		1.7	
		外表面锈蚀深度		≤0.18	
		杆件端部的弯曲	l≤1.5m	≤5	
		立杆弯曲	3m<l≤4m	≤12	
			4m<l≤6.5m	≤20	
		水平杆、斜杆弯曲	l≤6.5m	≤30	

续表

序　号	项　目		规格尺寸/mm	允许偏差/mm	
2	冲压钢脚手板	板面挠曲	$l \leqslant 4\text{m}$	$\leqslant 12$	
			$l > 4\text{m}$	$\leqslant 16$	
		板面扭曲		$\leqslant 5$	
3	可调托撑	支托板变形		1.0	

8.4.5　悬挑脚手架用型钢

（1）悬挑脚手架用型钢的材质应符合现行国家标准《碳素结构钢》（GB/T 700）或《低合金高强度结构钢》（GB/T 1591）的规定。

（2）用于固定型钢悬挑梁的U形钢筋拉环或锚固螺栓材质应符合现行国家标准《钢筋混凝土用钢第1部分：热轧光圆钢筋》（GB 1499.1）中HPB235级钢筋的规定。

8.5　脚手架方案的编制与审核

（1）承包商依据项目特点、施工作业内容等环节，根据《危险性较大的分部分项工程安全管理办法》在编制施工组织（总）设计的基础上，针对危险性较大的脚手架工程单独编制专项施工方案和安全技术措施文件。

（2）承包商在危险性较大的脚手架工程施工前编制专项方案；专项方案应当由承包商技术部门组织本单位施工技术、安全、质量等部门的专业技术人员进行审核。经审核合格后，由承包商技术负责人签字。实行施工总承包的，专项方案应当由总承包单位技术负责人及相关专业承包单位技术负责人签字。

（3）对于属于危险性较大的脚手架专项方案，经承包商审核合格后报监理单位，经项目总监理工程师审核签字后，由承包商负责组织实施。

（4）对于属于超过一定规模的危险性较大的脚手架工程专项方案，应当由承包商组织召开专家论证会。实行施工总承包的，由施工总承包单位组织召开专家论证会。

①专家组成员：

应当由 5 名及以上符合相关专业要求的专家组成。本项目参建各方的人员不得以专家身份参加专家论证会。

②参加专家论证会成员：

A. 专家组成员。

B. 项目管理方负责人或技术负责人。

C. 监理单位项目总监理工程师及相关人员。

D. 承包商分管安全的负责人、技术负责人、项目负责人、项目技术负责人、专项方案编制人员、项目专职安全生产管理人员。

E. 设计单位项目技术负责人及相关人员。

③专家论证的主要内容：

A. 专项方案内容是否完整、可行。

B. 专项方案计算书和验算依据是否符合有关标准规范。

C. 安全施工的基本条件是否满足现场实际情况。专项方案经论证后，专家组应当提交论证报告，对论证的内容提出明确的意见，并在论证报告上签字。该报告作为专项方案修改完善的指导意见。

④承包商应当根据论证报告修改完善专项方案，并经本单位技术负责人、项目总监理工程师、项目管理方负责人签字，报项目管理方备案后，方可组织实施。实行施工总承包的，应当由施工总承包单位、相关专业承包单位技术负责人签字。

⑤承包商应当严格按照专项方案组织施工，不得擅自修改、调整专项方案。

⑥如因设计、结构、外部环境等因素发生变化确需修改的，修改后的专项方案应当重新审核。对于超过一定规模的危险性较大工程的专项方案，承包商应当重新组织专家进行论证。

（5）审批的专项方案实施前，编制人员或项目技术负责人应当向现场管理人员和作业人员进行安全技术交底后，方可组织实施。

8.6 扣件式钢管脚手架构造要求

8.6.1 纵向水平杆构造要求

（1）纵向水平杆应设置在立杆内侧，单根杆长度不应小于3跨。

（2）纵向水平杆接长应采用对接扣件连接或搭接，并应符合下列规定：

①两根相邻纵向水平杆的接头不应设置在同步或同跨内；不同步或不同跨的两个相邻接头在水平方向错开的距离不应小于500mm；各接头中心至最近主节点的距离不应大于纵距的1/3。

②搭接长度不应小于1m，应等间距设置3个旋转扣件并固定；端部扣件盖板边缘至搭接纵向水平杆杆端的距离不应小于100mm。

③当使用冲压钢脚手板、木脚手板时，纵向水平杆应作为横向水平杆的支座，用直角扣件固定在立杆上。

8.6.2 横向水平杆构造要求

（1）作业层上非主节点处的横向水平杆宜根据支撑脚手板的需要等间距设置，最大间距不应大于纵距的1/2。

（2）当使用冲压钢脚手板、木脚手板时，双排脚手架的横向水平杆两端均应采用直角扣件固定在纵向水平杆上；单排脚手架的横向水平杆的一端应用直角扣件固定在纵向水平杆上，另一端应插入墙内，插入长度不应小于180mm。

（3）主节点处必须设置1根横向水平杆，用直角扣件扣接且严禁拆除。

8.6.3 脚手板构造要求

（1）作业层脚手板应铺满、铺稳、铺实。

（2）脚手板应设置在3根横向水平杆上。当脚手板长度小于2m时，可采用2根横向水平杆支撑，但应将脚手板两端与横向水平杆可靠固定，严防倾翻。脚手板的铺设应采用对接平铺或搭接铺设。脚手板对接平铺时，

接头处应设置2根横向水平杆，脚手板外伸长度应取130~150mm，2块脚手板外伸长度的和不应大于300mm；脚手板搭接铺设时，接头应支在横向水平杆上，搭接长度不应小于200mm，其伸出横向水平杆的长度不应小于100mm。

（3）作业层端部脚手板探头长度应取150mm，其板的两端均应固定于支撑杆件上。

8.6.4 立杆构造要求

（1）每根立杆底部宜设置底座或垫板。

（2）脚手架必须设置纵、横向扫地杆。纵向扫地杆应采用直角扣件固定在距管底端不大于200mm处的立杆上。横向扫地杆应采用直角扣件固定在紧靠纵向扫地杆下方的立杆上。

（3）脚手架立杆基础不在同一高度上时，必须将高处的纵向扫地杆向低处延长2跨与立杆固定，高低差不应大于1m。靠近坡上方的立杆轴线到边坡的距离不应小于500mm。

（4）单排、双排脚手架底层步距均不应大于2m。

（5）单排、双排与满堂脚手架立杆接长除顶层顶步外，其余各层各步接头必须采用对接扣件连接。

（6）脚手架立杆采用对接时，立杆的对接扣件应交错布置，2根相邻立杆的接头不应设置在同步内，同步内隔1根立杆的2个相隔接头在高度方向错开的距离不宜小于500mm；各接头中心至主节点的距离不宜大于步距的1/3。

（7）立杆采用搭接接长时，搭接长度不应小于1m，并应采用不少于2个旋转扣件固定。端部扣件盖板的边缘至杆端距离不应小于100mm。

（8）脚手架立杆顶端栏杆宜高出女儿墙上端1m，宜高出檐口上端1.5m。

8.6.5 连墙件构造要求

（1）脚手架连墙件设置的位置、数量应按专项施工方案确定。还应符合表8-2的规定。

（2）应靠近主节点设置，偏离主节点的距离不应大于 300mm；应从底部第一步纵向水平杆处开始设置，当该处设置有困难时，应采用其他可靠措施固定。

（3）应优先采用菱形布置，或采用方形、矩形布置。

（4）开口型脚手架的两端必须设置连墙件，连墙件的垂直间距不应大于建筑物的层高，并且不应大于 4m。

（5）连墙件中的连墙杆应呈水平设置，当不能水平设置时，应向脚手架一端下斜连接。

（6）连墙件必须采用可承受拉力和压力的构造。对高度 24m 以上的双排脚手架，应采用刚性连墙件与建筑物连接。

（7）脚手架下部暂不能设连墙件时，应采取防倾覆措施。搭设抛撑时，抛撑应采用通长杆件，并用旋转扣件固定在脚手架上，与地面仰角应在 45° ~ 60° 之间；连接点中心至主节点的距离不应大于 300mm。抛撑应在连墙件搭设后方可拆除。

（8）架高超过 40m 且有风涡流作用时，应采取抗上升翻流作用的连墙措施。

表 8-2　连墙件布置最大间距

搭设方法	高度/m	竖向间距	水平间距	每根连墙件覆盖面积/m^2
双排落地	≤50	3h	3l_a	≤40
双排悬挑	>50	2h	3l_a	≤27
单排	≤24	3h	3l_a	≤40

注：h 为步距，l_a 为纵距。

8.6.6　剪刀撑与横向斜撑构造要求

（1）双排脚手架应设置剪刀撑与横向斜撑，单排脚手架应设置剪刀撑。

（2）每道剪刀撑跨越立杆的根数应按表 8-3 的规定确定。每道剪刀撑宽度不应小于 4 跨，且不应小于 6m，斜杆与地面的仰角应在 45° ~ 60° 之间。

（3）剪刀撑斜杆的接长应采用搭接或对接，搭接应符合本章 8.6.4 第（7）条的规定。

（4）剪刀撑斜杆应用旋转扣件固定在与之相交的横向水平杆的伸出端或

立杆上，旋转扣件中心线至主节点的距离不应大于150mm。

（5）高度在24m及以上的双排脚手架应在外侧全立面连续设置剪刀撑；高度在24m以下的单、双排脚手架，均必须在外侧两端、转角及中间间隔不超过15m的立面上，各设置一道剪刀撑，并应由底至顶连续设置。

（6）双排脚手架横向斜撑应在同一节间，由底至顶层呈之字形连续布置。

（7）高度在24m以下的封闭型双排脚手架可不设横向斜撑，高度在24m以上的封闭型脚手架，除拐角应设置横向斜撑外，中间应每隔6跨距设置一道。

（8）开口型双排脚手架的两端均必须设置横向斜撑。

表8-3　剪刀撑跨越立杆的最多根数

剪刀撑斜杆与地面的倾角（α）	45°	50°	60°
剪刀撑跨越立杆的最多根数（n）	7	6	5

8.6.7　斜道构造要求

（1）斜道应附着外脚手架或建筑物设置。

（2）运料斜道宽度不应小于1.5m，坡度不应大于1:6；人行斜道宽度不应小于1m，坡度不应大于1:3。

（3）拐弯处应设置平台，其宽度不应小于斜道宽度。

（4）斜道两侧及平台外围均应设置栏杆及挡脚板；栏杆高度1.2m，挡脚板高度不应小于180mm。

（5）运料斜道两端、平台外围和端部均应设置连墙件；每两步应加设水平斜杆；应按规定设置剪刀撑和横向斜撑。

（6）脚手板横铺时，应在横向水平杆下增设纵向支托杆，纵向支托杆间距不应大于500mm。

（7）脚手板顺铺时，接头应采用搭接，下面的板头应压住上面的板头，板头的凸棱处应采用三角木填顺。

（8）人行斜道和运料斜道的脚手板上应每隔250～300mm设置一根防滑木条，木条厚度应为20～30mm。

8.7 脚手架搭设

（1）单、双排脚手架必须配合施工进度搭设，一次搭设高度不应超过相邻连墙件以上两步；如果超过相邻连墙件以上两步，无法设置连墙件时，应采取撑拉固定等措施与建筑结构拉结。

（2）每搭完一步脚手架后，应按表8-4规定校正步距、纵距、横距及立杆的垂直度。

表8-4　脚手架搭设的技术要求、允许偏差与检验方法

序　号	项　　目	技术要求		允许偏差/mm	示意图	检查方法与工具
1	地基基础	表面	坚实平整	—		目测和查看方案
		排水	不积水			
		垫板	不晃动			
		底座	不滑动			
			不沉降	−10		
2	单、双排与满堂脚手架立杆垂直度	最后验收立杆垂直度 20～50mm	—	±100		用经纬仪或吊线和卷尺

下列脚手架允许水平偏差/mm			
搭设中检查偏差的高度/m	总高度		
	50m	40m	20m
H=2	±7	±7	±7
H=10	±20	±25	±50
H=20	±40	±50	±100
H=30	±60	±75	
H=40	±80	±100	
H=50	±100		
中间档次用插入法			

序　号	项　目		技术要求	允许偏差/mm	示意图		检查方法与工具
3	满堂支撑架立杆垂直度	最后验收垂直度30m		—	±90		用经纬仪或吊线和卷尺
		下列满堂支撑架允许偏差/mm					
		搭设中检查偏差的高度/m		总高度			
				30m			
		$H=2$		±7			
		$H=10$		±30			
		$H=20$		±60			
		$H=30$		±90			
		中间档次用插入法					
4	单/双排、满堂脚手架间距	步距		—	±20	—	钢板尺
		纵距		—	±50		
		横距		—	±20		
5	满堂支撑架间距	步距			±20	—	钢板尺
		纵距			±30		
		横距					
6	纵向水平杆高差	一根杆的两端		—	±20		水平仪或水平尺
		同跨内两根纵向水平杆高差		—	±10		
7	剪刀撑斜杆与地面的倾角			45°～60°		—	角尺
8	脚手板外伸长度	对接	$a=130\sim150mm$ $l\leqslant300mm$		—		卷尺
		搭接	$a\geqslant100mm$ $l\geqslant200mm$		—		卷尺

续表

序　号	项　目	技术要求	允许偏差/mm	示意图	检查方法与工具
9	扣件安装	主节点处各扣件中心点相互距离 $a \leqslant 150mm$	—		钢板尺
		同步立杆上两个相隔对接扣件高差 $a \geqslant 500mm$	—		卷尺
		立杆上的对接扣件至主节点的距离 $a \leqslant h/3$			卷尺
		纵向水平杆上的对接扣件至主节点的距离 $a \leqslant L/3$			钢板尺
		扣件螺栓拧紧扭力矩 $40 \sim 65N \cdot m$	—		扭力扳手

（3）底座安放应符合下列规定：

①底座、垫板均应准确地放在定位线上。

②垫板应采用长度不少于2跨，厚度不小于50mm，宽度不小于200mm的木板。

（4）立杆搭设应符合下列规定：

①相邻立杆的对接连接应符合本章8.6.4第（6）条脚手架构造的规定要求。

②脚手架开始搭设立杆时，应每隔6跨设置1根抛撑，直至连墙件安装稳定后，方可根据情况拆除。

③当架体搭设至有连墙件的主节点时，在搭设完该处的立杆、纵向水平杆、横向水平杆后，应立即设置连墙件。

（5）脚手架纵向水平杆的搭设应符合下列规定：

①脚手架纵向水平杆应随立杆按步搭设，并应采用直角扣件与立杆固定。

②纵向水平杆的搭设应符合本章8.6扣件式钢管脚手架构造要求8.6.1的规定。

③在封闭型脚手架的同一步中，纵向水平杆应四周交圈设置，并应用直角扣件与外角部立杆固定。

（6）脚手架横向水平杆搭设应符合下列规定：

①搭设横向水平杆应符合本章8.6扣件式钢管脚手架构造要求8.6.2的规定。

②双排脚手架横向水平杆的靠墙一端至墙装饰面的距离不应大于100mm。

③单排脚手架的横向水平杆不应设置在下列部位：

A. 设计上不允许留脚手眼的部位。

B. 过梁上与梁两端成60°角的三角形范围及过梁净跨度1/2的高度范围内。

C. 宽度小于1m的窗间墙。

D. 梁或梁垫下及其两侧各500mm的范围内。

E. 砖砌体的门窗洞口两侧200mm和转角处450mm的范围内，其他砌体的门窗洞口两侧300mm和转角处600mm的范围内。

F. 墙体厚度小于或等于180mm。

G. 独立或附墙砖柱，空斗砖墙、加气块墙等轻质墙体。

H. 砌筑砂浆强度等级小于或等于M2.5的砖墙。

（7）脚手架纵向、横向扫地杆搭设应符合本章8.6扣件式钢管脚手架构造要求8.6.4的规定。

（8）脚手架连墙件安装应符合下列规定：

①连墙件的安装应随脚手架搭设同步进行，不得滞后安装。

②当单、双排脚手架施工操作层高出相邻连墙件以上两步时，应采取确保脚手架稳定的临时拉结措施，直到上一层连墙件安装完毕后再根据情况拆除。

（9）脚手架剪刀撑与双排脚手架横向斜撑应随立杆、纵向和横向水平杆等同步搭设，不得滞后安装。

（10）扣件安装应符合下列规定：

①扣件规格应与钢管外径相同。

②螺栓拧紧扭力矩不应小于 40N·m，且不应大于 65N·m。

③在主节点处固定横向水平杆、纵向水平杆、剪刀撑、横向斜撑等用的直角扣件、旋转扣件的中心点的相互距离不应大于 150mm。

④对接扣件开口应朝上或朝内。

⑤各杆件端头伸出扣件盖板边缘的长度不应小于 100mm。

（11）作业层、斜道的栏杆和挡脚板的搭设应符合下列规定：

①栏杆和挡脚板均应搭设在外立杆的内侧。

②上栏杆上皮高度应为 1.2m。

③挡脚板高度不应小于 180mm。

④中栏杆应居中设置。

（12）脚手板的铺设应符合下列规定：

①脚手板应铺满、铺稳，离墙面的距离不应大于 150mm。

②采用对接或搭接时，均应符合本章 8.6 扣件式钢管脚手架构造要求 8.6.4 的规定；脚手板探头应用直径 3.2mm 的镀锌钢丝固定在支撑杆件上。

③在拐角、斜道平台处的脚手架，应用镀锌钢丝固定在横向水平杆上，防止滑动。

8.8　脚手架的检查与交接验收

8.8.1　交接验收程序

根据脚手架的特点、类型、规模等因素，对不同种类的脚手架交接验收按下列程序执行：

（1）对于高度在 24m 以下的脚手架工程，由承包商搭设单位自检合格后，报承包商 HSE 部、工程管理部共同检查签认，确认合格并挂牌后，使用单位方可投入使用。实行总承包的，总承包相关部门也应进行确认。

（2）对于属于危险性较大（24m≤H＜50m）的脚手架工程检查与验收，应由承包商自检合格后，报监理单位检查签认，确认合格并挂牌后，承包商方可投入使用。

（3）对于属于超过一定规模的危险性较大（$H \geqslant 50\text{m}$）的脚手架工程检查与验收，应由承包商自检合格后，报监理单位和项目管理方共同检查签认，确认合格并挂牌后，承包商方可投入使用。

8.8.2 脚手架的阶段验收

脚手架工程施工可分为材料验收、基础验收、搭设、检查验收、使用与维护、拆除几个阶段。对于能够一次性搭设完成的小型脚手架工程，可一次性组织检查验收；针对大型脚手架工程，应分阶段进行检查与验收：

（1）构配件的检查与验收应符合表8-1构配件的允许偏差的规定。

（2）脚手架基础处理完工后，尤其是对于超过一定规模的危险性较大的脚手架工程，地基处理是否与方案一致。

（3）作业层上施加载荷前。

（4）每搭设完6~8m高度后；或达到下一个作业层。

（5）达到设计高度后。

（6）遇有六级强风及以上风或大雨后，冻结地区解冻后。

（7）停用超过1个月。

8.8.3 脚手架的重点检查与验收内容

（1）杆件的设置和连接，连墙件、支撑、门洞桁架等的构造应符合《建筑施工扣件式钢管脚手架安全技术规范》（JGJ 130—2011）和专项施工方案要求。

（2）地基应无积水，底座应无松动，立杆应无悬空。

（3）扣件螺栓应无松动。

（4）安全防护措施应符合要求。

（5）应无超载使用。

（6）土建施工用的单、双排脚手架、悬挑式脚手架沿墙体外围应用密目式安全网全封闭，密目式安全网宜设置在脚手架外立杆的内侧，并应与架体结扎牢固。

（7）脚手板应铺设牢靠、严实，存在上下立体交叉作业施工的应用安全网双层兜底。施工层以下每 10m 应用安全网封闭。

（8）脚手架的接地、避雷措施等，应按现行行业标准《施工现场临时用电安全技术规范》（JGJ 46—2005）有关规定执行。

（9）安装后的扣件螺栓拧紧扭力矩应采用扭力扳手检查，抽样方法应按随机分布原则进行。抽样检查数目按表 8-5 的规定确定，质量判定标准扭力矩应在 40~65N·m 之间，不合格的必须重新拧紧至合格。

表 8-5　扣件拧紧抽样检查数目及质量标准

序　号	检查项目	安装扣件数量/个	抽查数量/个	允许的不合格数量/个
1	连接立杆与纵（横）向水平杆与剪刀撑的扣件；接长立杆、纵向水平杆或剪刀撑的扣件	51~90	5	0
		91~150	8	1
		151~280	13	1
		281~500	20	2
		501~1200	32	3
		1201~3200	50	5
2	连接横向水平杆与纵向水平杆的扣件（非主节点处）	51~90	5	1
		91~150	8	2
		151~280	13	3
		281~500	20	5
		501~1200	32	7
		1201~3200	50	10

8.9　脚手架的使用与维护

（1）承包商搭设脚手架经检查与验收，确认合格并挂牌后，方可投入使用。

（2）使用过程中，作业层上的施工荷载应符合设计要求，不得超载。

（3）在脚手架使用期间，严禁拆除下列杆件：

①主节点处的纵、横向水平杆，纵、横向扫地杆。

②连墙件。

（4）当在脚手架使用过程中开挖脚手架基础下的设备或管沟时，必须对脚手架采取加固措施。

（5）在脚手架上进行电、气焊作业时，应有防火措施和专人看守。

（6）当有六级强风及以上风、浓雾、雨或雪天气时，应停止在脚手架上作业。雨、雪后上架作业应有防滑措施，并应扫除积雪。

（7）脚手架与输电线路应保持安全距离，应符合《施工现场临时用电安全技术规范》（JGJ 46—2005）的规定要求。

8.10　脚手架的变更与拆除

8.10.1　脚手架的变更

脚手架在使用过程中，不得擅自移动、改装、拆卸。若必须改变脚手架的结构时，应根据脚手架的规模、类型，按下列程序进行变更：

（1）对于高度在24m以下的脚手架需要变更时，承包商搭设单位填写"脚手架变更单"，报承包商HSE、技术管理部门，经技术负责人同意后，由专业架子工进行。实行总承包的，应报总承包相关部门，获得许可后进行。

（2）对于属于危险性较大（24m≤H<50m）的脚手架工程需要变更时，应由承包商编制《脚手架变更方案》，报监理单位审核签认后，承包商方可进行变更。

（3）对于属于超过一定规模的危险性较大（H≥50m）的脚手架工程需要变更时，应由承包商编制《脚手架变更方案》，报监理单位和项目管理部审核，共同签认后，承包商方可进行变更。

8.10.2　脚手架的拆除

（1）脚手架上部的施工作业内容，在承包商确认全部完成后，对脚手架进行拆除。拆除前，必须编制《脚手架拆除专项方案》，并经监理单位审核通过。针对不同规模、类型的脚手架，按下列程序进行：

①对于高度在24m以下的脚手架的工程拆除，由承包商的搭设/拆除单位向承包商HSE部、工程管理部告知，经确认后，搭设/拆除单位方可进行拆除。实行总承包的，也应告知总承包单位相关部门。

②对于属于危险性较大（24m≤H<50m）的脚手架的工程拆除，应由承包商向监理单位告知，经确认后，承包商方可进行拆除。

③对于属于超过一定规模的危险性较大（H≥50m）的脚手架的工程拆除，应由承包商向监理单位和项目管理方告知，经共同确认后，承包商方可进行拆除。

（2）脚手架拆除前应做好下列准备工作：

①应全面检查脚手架的扣件连接、连墙件、支撑体系等是否符合构造要求。

②应根据检查结果补充完善施工脚手架专项方案中的拆除顺序和措施，经审批后方可实施。

③拆除前应对施工人员进行交底。

④应清除脚手架上杂物及地面障碍物。

⑤脚手架拆除时，地面应设围栏和警戒标志，并应派专人看守，严禁非操作人员入内。

（3）脚手架拆除技术要求：

①脚手架拆除作业必须由上而下逐层进行，严禁上下同时作业；连墙件必须随脚手架逐层拆除，严禁先将连墙件整层或数层拆除后再拆脚手架；分段拆除高差大于两步时，应增设连墙件加固。

②当脚手架拆至下部最后一根长立杆的高度（约6.5m）时，应先在适当位置搭设临时抛撑加固后，再拆除连墙件。当单、双排脚手架采取分段、分立面拆除时，对不拆除的脚手架两端，应先按规定设置连墙件和横向斜撑加固。

③架体拆除作业应设专人指挥，当有多人同时操作时，应明确分工、统一行动，且应具有足够的操作面。

④卸料时各构配件严禁抛掷至地面。

⑤运至地面的构配件应按本规范的规定及时检查、整修与保养，并应按品种、规格分别存放。

⑥夜间不宜进行脚手架拆除作业。

8.11　脚手架使用中的检查

脚手架在搭设完成、验收合格后，投入使用过程中，应对投入使用的脚手架进行日常和专项检查。

（1）脚手架日常检查由承包商、监理单位和项目管理方脚手架专业工程师或 HSE 管理人员进行，发现问题后，下发 HSE 问题整改单，承包商搭设单位负责整改落实。

（2）专项检查：

①对于高度在 24m 以下的脚手架工程，由承包商负责组织实施，检查频次为每月 1 次。实行总承包的，总承包单位负责组织。

②对于属于危险性较大（24m≤H<50m）的脚手架工程，由监理单位组织，检查频次为每月 1 次。参加人员为各承包商安全负责人或脚手架专业工程师。

③对于属于超过一定规模的危险性较大（H≥50m）的脚手架工程，由项目管理方组织，检查频次为每月 1 次。参加人员为监理单位、承包商安全负责人。

④有下列情况之一时，必须对脚手架进行专项检查：

A. 遇有六级强风及以上风或大雨后，冻结地区解冻后。

B. 停用超过一个月。

8.12　事故案例

8.12.1　事故过程

2014 年 4 月 28 日，由某油建公司承揽的球形罐区 5000m³ 液化气球罐在大修施工中，分包商 12 名组焊人员在球罐内 20m 高的脚手架操作平台上作业时，操作平台突然坍塌，作业面上作业人员瞬间坠落，造成 5 人死亡，6 人受伤。

8.12.2 事故原因

8.12.2.1 直接原因

搭设的脚手架操作平台不符合《建筑施工扣件式钢管脚手架安全技术规范》（JGJ 130—2011）（以下简称"技术规范"）要求，搭设质量、稳定性不能满足球罐内焊接作业的安全生产条件，导致操作平台整体失稳、坍塌。

（1）操作平台步距过大，经抽查为 2.2 ~ 2.4m（技术规范规定脚手架底层步距不应大于 2m，其他不应大于 1.8m），纵横距为 1.9m（技术规范规定最大不应大于 1.3m）。

（2）球罐内操作平台底部立杆无固定支撑点，局部未见扫地杆，部分扫地杆搭设不符合技术规范要求。

（3）现场跳板固定形式为 14 号铁丝单股固定（参照技术规范规定，应使用 12 号铁丝双股固定）。

（4）球罐内操作平台为多排井字架，缺少水平支撑系统，无一字撑或剪刀撑。

8.12.2.2 间接原因

（1）违规分包转包：某油建公司将承揽的工程违规分包给甲公司，甲公司又将工程转包给乙公司，而乙公司再次将工程转包给李某施工队。甲公司、乙公司、李某施工队均无相应的施工资质。

（2）无证操作：进入施工现场的作业人员都没有应具备的资质证件，脚手架搭设系李某通过其他人从劳务市场找来的 8 名无证人员进行的。

（3）管理混乱：项目管理方和监理对某油建公司层层分包转包、以包代管、无资质单位和人员进入施工现场管理、作业未能进行有效的制止和管理。

（4）现场管理缺失：脚手架搭设完成后未进行验收，现场安全管理人员既无有效证件，又无现场安全管理经验。

（5）没有进行安全分析等基础工作。

8.13　表格

（1）表 8-6 为脚手架搭设/拆除申请单。

（2）表 8-7 为脚手架交接验收单。

（3）表 8-8 为脚手架 HSE 验收检查表。

（4）表 8-9 为××项目作业安全分析（JSA）记录表。

表 8-6　脚手架搭设/拆除申请单

中国石化建设项目	脚手架搭设/拆除申请表	
	搭建申请	

单位	申请日期	搭建日期	申请人
项目	位置	脚手架类型	用途
近似尺寸	期限	是否需要设计	其他信息

拆除申请	
日期	授权人员

注：脚手架申请单应在工作开始前两天提交给承包商 HSE 部门，最少应提前 24 个小时提交。

表 8-7 脚手架交接验收单

单位名称		脚手架承包单位名称	
工程名称		脚手架搭接单位名称	

验 收 内 容

序 号	验 收 项 目	结 果
1	立杆基础坚实平整	
2	脚手架钢管无严重腐蚀、裂纹、变形	
3	立杆垂直偏差符合要求、大小横杆横平竖直	
4	扣件无脆裂变形、滑丝等缺陷	
5	扣件紧固符合要求	
6	安全通道合理规范（防滑条、双护栏、脚踢板）	
7	作业平台必须满铺	
8	脚手架四角应按要求进行接地保护及安装避雷装置	
9	跳板无断裂、变形、腐蚀、散头	
10	跳板铺设绑扎两道以上，绑扎牢固、间隙符合要求	
11	绑扎用铁丝符合要求（铁丝头必须在跳板下方）	
12	跳板与跳板搭接处的下方要有横杆	
13	剪刀撑设置符合要求	
14	跳板铺设跨度超过1m，下方加一横杆	

验收意见：

年　月　日

承包商签字		监理签字		项目管理方签字	
合格牌号码					

表8-8 脚手架HSE验收检查表

项目名称： _____ 脚手架所在部位： _____ 日期：

总体要求：

1. 所有脚手架的搭建必须由具有本专业资质的单位负责进行，搭设人员必须持证上岗，高处作业必须系挂安全带。
2. 所有的脚手架应当配置正确的出入口，并设置安全通道，由承包商组织验收相关部门共同检查并确认合格后，方可使用。
3. 脚手架搭设完后，根据脚手架施工方案，由承包商组织验收的架子，除架子工外，其他人员严禁攀登，验收后任何人不得擅自拆改。
4. 未搭设完成的脚手架不得使用；需做局部修改时，须经施工负责人同意，由架子工操作，完成后仍需履行检查交接验收手续。
5. 应从斜道或专用梯子到作业层，不得沿脚手架攀登。
6. 脚手架必须定期检查，如有松动、折裂或倾斜等情况，应及时进行紧固或更换。

序号	检查要求	自检情况	整改情况	验收情况
1	脚手架的基础必须平整、坚实，回填土必须夯实并有排水措施			
2	脚手架底层立杆应设设钢板或垫木板，木板的厚度不小于50mm，宽度为200~300mm，长度不大于6m的坚韧木板			
3	脚手架所有连接点均应使用钢制扣件，扣件在螺栓拧力矩达到65N·m时，不得发生破坏			
4	脚手架设置纵、横扫地杆，应采用直角扣件固定在距管底距端不小于200mm的立杆上			
5	脚手架立杆采用对接时，立杆的对接扣件应交错布置，两根相邻立杆的接头不应设置在同步内，同步内隔一根立杆的两个相隔接头在高度方向错开的距离不小于500mm，各接头中心至主节点的距离不宜大于步距的1/3			
6	立杆采用搭接连接长时，搭接长度不应小于1m，并采用不少于2个旋转扣件固定，端部扣件盖板的边缘至杆端距离不小于100mm			
7	连墙件中的连墙杆应水平设置，当不能水平设置时，应向脚手架一端下斜连接			
8	每道剪刀撑宽度不应小于4跨，且不应小于6m，斜杆与地面的仰角应在45°~60°之间			

序号	检查要求	自检情况	整改情况	验收情况
9	剪刀撑应绑在架子外侧立杆上沿高度自下而上连续设置，上下两对剪刀撑应相互搭接在立杆处，在脚手架尽端、转角处和中间每9~15m设置一道			
10	主节点处必须设置一根横向水平杆，用直角扣件扣接且严禁拆除			
11	作业层跳板要铺满，用铁丝扎紧。脚手板搭接铺设时，接头应支在横向水平杆上，搭接长度不应小于200mm，其伸出横向水平杆的长度不应小于100mm			
12	作业层端部脚手板探头长度应为150mm，板的两端均需固定在支撑杆件上			
13	运料斜道宽度不应小于1.5m，坡度不应大于1:6；人行斜道宽度不应小于1m，坡度不大于1:3，人行斜道和运料斜道每隔250~300mm设置一根木条，木条宽度为20~30mm；斜道两侧及平台外围均应设置栏杆及挡脚板；栏杆高度1.2m，挡脚板高度180mm			

承包商	总承包商	监理单位	项目甲方	验收日期

注：1. 对于高度在24m以下的脚手架工程，由承包商搭设单位自检合格后，报承包商HSE、工程管理部共同检查签认，确认合格并挂牌后，使用单位方可投入使用。实行总承包的，总承包相关部门也应进行确认。

2. 对于危险性较大（24m≤H<50m）的脚手架工程检查与验收，应由承包商自检合格后，报监理单位检查验收，签认合格并挂牌后，承包商方可投入使用。

3. 对于超过一定规模的危险性较大（H≥50m）的脚手架工程自检合格后，应由承包商自检查与验收，报监理单位和项目管理方共同检查签认，确认合格并挂牌后，承包商方可投入使用。

表8-9　××项目作业安全分析（JSA）记录表

承包商单位：

作业活动	脚手架作业	作业区域		
分析人员			日期：	
序号	工作步骤	危害描述	现有控制措施	补充控制措施
1	脚手架的搭设	搭设位置的地面承载强度不够，没有排水系统	脚手架搭设前，应确认搭设位置的地面强度，做好加固和排水措施	
		脚手架与输电线路间距大小	脚手架与输电线路应保持安全距离，必要时做强度设计和编制施工方案，搭设完毕后必须进行检查，确认合格并确定责任人，监护人，挂牌后方可使用	
		脚手架强度不够，脚手架选材不当	脚手架钢管宜采用φ48.3×3.6钢管。每根钢管的最大质量不应大于25.8kg，钢管表面应平直，光滑。没有裂缝，结疤，分层，错位，硬弯，毛刺，压痕和深的划痕	
		脚手架由非专业人员搭设	脚手架必须由取得操作证的专业人员搭设	
		搭设间距超标，防护措施不到位	脚手架步距不得大于1.8m，立杆间距不大于2m，双排脚手架立杆间距不大于1.5m，不宜使用单排脚手架，基点和依附机构必须牢固，架体不得晃动，有专门的上下通道或梯子，作业面必须铺满，四周有不小于1.2m高的防护栏，绑扎固定，必要时应设置安全带挂杆，并在500~600mm高处加设一道护栏，铺挡脚板	

续表

序号	工作步骤	危害描述	现有控制措施	补充控制措施
2	脚手架的使用	作业人员攀爬脚手架作业层	制定处罚措施，要求人员必须应从通道或梯子到达作业面，高处作业时应办理高处作业许可证	
		动火作业未对脚手架进行保护	落实防火措施，经常进行检查，特别是动火结束后对动火作业点进行清理，熄灭火种（使用木跳板）	
		时间长或大风、暴雨后未检查、加固脚手架	脚手架停用一个月，遇六级大风、大雨后，必须组织检查，如发现扣件松动、架体倾斜、拆裂等现象应及时加固，必要时拆除并重新搭设脚手架	
		遇雷雨、雪天或六级以上大风仍进行脚手架作业	遇到雷雨、雪或六级以上大风必须停止脚手架作业，雨、雪天过后应还应组织人员及时清理脚手架上的积雪等杂物	
		脚手架使用过程中人为拆除或破损脚手架和脚手架板	脚手架一经使用，应指定使用防护责任人，不得随意拆除、损坏脚手架上的部件，使用完毕后应及时拆除。如停用，再次使用前必须检查合格后方可使用，临时搁置脚手架应一次搭设，使用、拆除，不得搁置再次使用	

续表

序号	工作步骤	危害描述	现有控制措施	补充控制措施
3	脚手架的拆除	拆除脚手架时周围未设警戒区、禁止措施和专门的监护人	脚手架拆除前必须经过安全技术交底，必要时编制拆除方案，拆除时有专人监护，不得抛掷拆除物，并划分警戒区，拉警戒绳或设警戒牌	
		非专业人员拆除	脚手架应由取得专业架子工证件的人员拆除，严格按照拆除的顺序进行	
		没有按照顺序拆除采取整片拉倒的方式拆除	拆除脚手架应按照由上到下、后搭的先拆、先搭的后拆的顺序进行，严禁上下同时作业，严禁采用整片拉倒的方式拆除脚手架	
		采取向下抛掷的方式传递物料	拆除区不得有其他施工人员，拆下的架杆连接杆、跳板等材料应采用传递或用绳索溜放的方式，不得向下抛掷	
		脚手架拆除时与输电线路间距太小或作业区内有带电用电设备	脚手架拆除时应与输电线路保持安全距离，警戒区不得有带电设备、设施和电缆线，如果不能满足条件，必须切断电源或采取可靠的安全措施	

第9章 射线作业

9.1 定义

在室外、生产车间、安装现场使用移动式或便携式射线探伤（X 射线）设备装置对物体内部缺陷进行射线透照检查的工作过程。

9.1.1 辐射安全许可证及其他有关证件

指国家有关部门颁发的关于辐射工作的许可证。

9.1.2 射线作业人员

指由政府机构许可操作使用放射性同位素与射线装置的人员。

9.1.3 安全防护区域（控制区/管理区/安全区）

（1）对于 X 射线作业，控制区是指由辐射源至辐射剂量当量 15 μGy/h 的点为半径的圆球体以内区域。对于γ射线作业，控制区是指由辐射源至辐射剂量当量 15 μGy/h 的点为半径的圆球体以内区域，该区域为绝对禁入区，未经许可，不得进入该范围。

（2）对于 X 射线作业，管理区是指由辐射源至辐射剂量当量 1.5 μGy/h 的点为半径的圆球体区域以内。对于γ射线作业，管理区是指由辐射源至辐射剂量当量 2.5 μGy/h 的点为半径的圆球体区域以内。但在控制区以外，该区域只能由射线作业人员作业时进入。边界处应有"当心，电离辐射"等警示

标识，其他人员不得进入该区域。

（3）管理区以外的区域为安全区，该区域为公众可进入的区域。

（4）γ型放射性同位素、X型单向、周向射线装置的防护管理方式相同。

9.2 职责

9.2.1 项目管理方职责

（1）负责射线作业安全作业指导书的修订与完善。

（2）组织或参与管辖范围内的所有辐射事故/事件的调查。

9.2.2 监理单位职责

（1）负责放射性同位素与射线装置作业安全与防护措施落实情况及安全问题整改情况的检查、确认，并做好检查记录。

（2）负责对检测单位"辐射安全许可证"及其他有关证件、作业人员资格的检查、备案工作。

（3）负责对检测单位放射源状况记录、放射量测量仪测定记录进行检查、确认，并审核射线作业许可证。在射线作业前，协调作业条件，确认安全措施的落实情况。

（4）组织或参与本监理区域内辐射事故/事件的调查。

（5）负责对检测单位辐射事故应急预案、防护方案的编制情况进行检查。

9.2.3 承包商职责

（1）负责跨管辖项目区域的射线作业协调，并将射线作业信息通知到受影响区域的其他单位。

（2）负责本区域内射线作业的协调，将影响到本区域的所有射线作业信息通知到本区域内受影响单位，并组织受影响单位会签确认。

（3）负责协调本单位界区外的射线作业受影响单位。

（4）负责制定、修订各施工现场《射线作业安全管理规定》。

（5）审核进入施工现场的放射源，统一编号并建立放射源档案，指定源库。

（6）负责审查检测单位的 HSE 资质。在检测单位进行射线作业时，采取抽查等形式进行监督、检查；负责射线作业许可证的信息通报，并上墙公告。

（7）负责审核检测单位的辐射事故应急预案，组织辐射事故/事件的调查。

（8）负责指定检测单位运送放射源具体路线，并负责根据射线作业时间，对放射源进出工地进行管理。

9.2.4　检测单位职责

（1）对本单位放射性同位素和射线装置及射线作业的安全和防护工作负责，依法对其造成的放射性危害承担责任。

（2）确保本单位依法取得"辐射安全许可证"及其他有关证件、射线作业人员依法取得有效资格证书，并按规定从事射线作业。

（3）非当地放射源进出项目现场时，检测单位应按照当地要求在办理相关手续后方可进行跨地区移动。

（4）负责制定落实放射性同位素与射线装置运输、使用、储存及射线作业的各项安全和防护措施。

（5）负责辐射事故应急预案、防护方案的编制，定期演练应急救援方案，调查、上报辐射事故。

（6）射线作业前，及时作出射线作业现场公告。

9.2.5　放射源库管理单位职责

（1）根据国家、地方环保部门及项目部对放射源库的管理要求，制定相应的管理制度。

（2）负责源库内放射源的安全管理，配备有资质的人员，对放射源的出

入库进行管理。

（3）负责对放射源库内设施的检查和维护，发现问题及时处理。

（4）负责出入库探伤源的检查、检测，对不符合辐射安全要求的放射源，有权拒绝入库。

9.3　工作要求

9.3.1　检测单位资质及要求

（1）检测单位必须依法取得有效的"辐射安全许可证"及其他有关证件，按规定从事射线作业，禁止无证或者不按照规定的种类和范围进行射线作业。

（2）检测单位必须依法取得地方政府的企业法人营业执照（正、副本）、安全生产许可证、环境管理体系认证证书、职业健康安全管理体系认证证书等相应的企业资质证书。

（3）检测单位必须具有与安全许可证及其他有关证件资质相适应的专业技术力量（人员），有专门的安全与防护机构或者专职、兼职安全和防护管理人员，并配备必要的防护用品和监测仪器。检测单位须向项目管理方提供单位安全管理人员的资质证书。

（4）检测单位必须具有健全的安全和防护管理制度、辐射事故应急措施。

（5）外地的检测单位在进入施工现场前，必须到当地政府环保部门登记备案，经同意后方可进入现场作业。同时，检测单位须向项目管理方提供密封放射源异地使用备案表。

（6）检测单位使用γ放射源，必须配备定向曝光头、周向曝光头和铅板。X射线机必须配备铅板。

9.3.2　人员要求

（1）射线作业人员必须经过国家有关部门及本单位内部关于安全和防护

知识的教育、培训和考核，在取得有效资格证书后，方可从事放射性作业。检测单位须向 HSE 管理部提供特种设备检验检测人员 RT 证书和辐射环境安全防护人员资质证书。

（2）射线作业人员应无职业禁忌，必须进行一年一次的定期体检。

（3）射线作业人员接受的剂量不得超过国家标准规定（正常情况下，射线作业人员接受的剂量应控制在 20mSv/a）。

（4）必须配备个人剂量仪和个人剂量报警仪，个人剂量仪至少每季检测一次，检测单位应提供辐射剂量检测仪检验合格证书。

9.4 放射源管理

（1）检测单位进入施工现场的放射源，须提供放射性设备统计表和密封放射源证书，项目管理方审核后，统一编号并建立放射源档案，储存于指定源库，集中管理。

（2）源库周边 50m 范围为防护区域，严禁无关人员进入。

（3）防护区域及放射源库内不得存放易燃、易爆物品及其他材料，保证消防通道畅通。

（4）放射源库必须 24h 有专人值守，严格执行交接班制度。

（5）放射源库实行"双人双锁"管理，即源库大门钥匙由值守人员掌握，储源柜或铅箱钥匙由检测单位人员掌握。

（6）检测单位作业人员需凭有效的"射线工作人员证"和"射线作业许可证"，按射线作业时间，提前 30min 进入源库提取放射源，值守人员根据许可证上注明的源号发放，并对源表面剂量进行测量后，在"辐射源出入库登记表"上签字确认。

（7）放射源入库时根据"辐射源出入库登记表"中记载内容逐项核实，并对表面剂量进行测量后，签字确认。

（8）运载放射源的车辆必须车况良好，专车专用，并有醒目的专用车标志，严格遵守施工现场限速规定。不得搭载其他无关人员，放射源在车内应

稳妥放置并不得与其他材料混载，并始终在监护人的监视之下。载源车辆中途不得随意停靠，工作完毕后立即将放射源送回储源库。

9.5 作业管理

（1）检测单位必须编制专项防护方案，报项目管理方审查备案。

（2）射线作业应尽量在预制场进行，减少施工现场的拍片量。一般要求使用定向 X 射线机，对于不能使用 X 射线机的特殊部位，应经施工管理部、项目管理方同意后，方可使用γ射线机。

（3）射线探伤时间原则上安排在夜间 22：00 至次日 5：00。因工程需要，需在其他时间内拍片的，由检测单位提出申请，经项目管理方同意，落实防护措施后，方可进行。

（4）检测单位必须提前申办射线作业许可证，现场射线作业时间根据工程进度及季节变化，由项目管理方核实审批后，方可确定具体作业时间。严禁超出规定时间和场所进行射线作业。

（5）射线作业许可证的有效期限为 1 天，原则上一天一办，节假日除外。

（6）检测单位应于当天 15：00 之前办完射线作业许可证，于 16：00 之前，在现场射线作业公告牌上对作业情况进行公告，项目管理方将射线作业信息发送至作业区域内的相关承包商和受影响的外单位。

（7）每一射线作业点必须配备一部放射量测定仪，在射线作业时，做好控制区边界的检测，并做好相应记录。

（8）射线警示标志包括警示灯、警示牌、警示带和警示绳。警示灯为红色频闪灯，每个作业点不少于 4 盏；警示牌使用反光材质制作，板面用中文书写"当心，电离辐射"等警示语，每个作业点不少于 4 块警示牌。

（9）检测单位按作业时间进入现场后，根据放射源放射强度确定的安全防护半径，沿管理区外边界使用警示带或警示绳全封闭围护。警示灯、警示牌沿警示带或警示绳四个方向间隔分布。

（10）作业开始前，检测单位作业人员必须对警戒线以内的无关人员清场，在确认无误后方可作业，并由监护人沿警示绳巡检，防止其他人误入。

（11）γ射线机作业结束后，必须使用放射量测定仪对作业地点和放射源容器进行检测，在确认放射源已进入储源罐后，方可撤除警示标志。

9.6　应急处理

（1）检测单位应当根据可能发生的辐射事故，制定应急方案，做好应急准备。

（2）发生辐射事故时，检测单位应当立即启动应急方案，采取应急措施，并按照国家有关规定立即向当地环境保护部门、公安部门、卫生部门报告。

（3）发生辐射事故的单位应当立即将可能受到辐射伤害的人员送到指定的医院或者有条件救治辐射损伤病人的医院，进行检查和治疗，或者请求医院立即派人赶赴事故现场，采取救治措施。

（4）γ射线源泄漏事故的应急处理：

①检测单位应立即发出警报，使所有在场人员迅速撤离。

②检测单位应立即确定安全防护区范围并设置警戒标志，防止其他人员进入辐射区。

③立即向事故现场射线作业负责人、检测单位负责人、项目部、公司及国家有关行政部门报告。

④各相关部门接到报告后，应尽快赶到现场参加应急处理，努力减少对环境和人员的影响。

⑤检测单位操作人员应立即调出储源箱及铅容器待用。

⑥检测单位记录员应按时间顺序，详细记录事故发生和处理的全过程，写出书面报告并逐级报告。

⑦对参加事故处理人员所受到的特殊照射的剂量应进行详细记录，报有

关部门存档，并给予医学检查和必要的处理。

9.7　事故案例

9.7.1　事故过程

某年9月2日凌晨1时50分左右，某公司检测中心两名职工带领两名无放射证件的临时工进行射线探伤作业。作业时，放射源的连接操作由一名临时工负责，另一名临时工负责安装驱动缆、主机、源导管。由于两名临时工不懂操作规程，连接时未按操作规程操作，造成源与驱动缆卡扣未卡死，放射源在导管内未被固定。探伤作业结束后，放射源的回收及探伤机的拆卸仍由临时工操作，导致放射源从源导管内掉出，遗失在作业现场。两名职工在作业时，未按规定佩带个人剂量笔和剂量报警器，也没有按照操作规程的要求对放射源的回收进行检查。

当天在同一作业地点从事设备维修的工作人员于10时左右在地上发现此放射源，以为是普通仪表零件，还给其他维修人员观看，随后放入右裤兜内，11时45分回到休息室放入工具箱。随即在吃午饭时感到饭菜有异味，无食欲，勉强吃完了午饭。13时15分左右感到恶心，呕吐了四次。

14时30分在需要用此探伤机进行其他作业时发现放射源丢失，发现人员立即用巡测仪从现场到源库进行搜寻，未找到放射源，然后上报中心。检测中心立刻请有关单位专家携带专用仪器到现场于16时开始寻找放射源，17时40分在维修工的工具箱内发现放射源，随即回收运回源库。至此，放射源"失控"达16个小时，受到不同程度照射影响的人员多达25人。维修工即刻入院接受检查治疗，其他接触放射源的人员也到医院接受检查。

经诊断，维修工为骨髓性急性放射病，全身多部位严重放射损伤，右大腿放射性溃疡。其余人员均被诊断为小剂量照射损伤。

事故发生后，在当地群众中造成极大的恐慌，出现了职工拒绝到事故现场及周围地区上班，周边群众反对使用射线探伤等情况，影响了正常的施工作业。

经卫生局专家讲解辐射与健康的知识，解答职工群众的疑虑，扩大职工体检人数后，才使职工群众情绪逐步稳定。

9.7.2 事故原因

9.7.2.1 直接原因

（1）临时工无证作业，不懂操作规程，属于违章作业，致使放射源未能正确连接。

（2）探伤作业的职工在作业时违反规定，安全意识淡薄，未佩带个人剂量笔和剂量报警器，没有及时发现放射源丢失。

（3）放射源未按要求于作业结束时放入指定的源库，出入库未按要求用测量仪进行检查，未按要求办理出入库登记手续。

9.7.2.2 间接原因

（1）检测中心领导人员法规和安全意识淡薄，派临时工从事探伤作业。事故发生后没有及时上报地方相关部门。

（2）具体作业整改人员严重缺乏责任心，让临时工进行技术操作。

（3）现场安全管理缺失，没有组织有效的危害识别。

（4）风险知识不普及，风险告知不到位。

9.8 表格

（1）表9-1为作业过程控制及高风险作业检查表。

（2）表9-2为直接作业环节JSA提示表。

（3）表9-3为用火作业JSA记录表。

（4）表9-4为高处作业JSA记录表。

表9-1　作业过程控制及高风险作业检查表

被检查单位：　　　　　检查日期：　　　　　检查人：

检查项目	检查要点	检查比例	检查评定标准	标准分数	检查内容分解	分解分数	实际得分	备注
作业过程监督	1.1 作业过程管理	抽查	《中国石化施工作业安全管理规定》（中国石化安〔2011〕715号）	10	□施工作业和高风险作业有经审批的施工方案和安全技术措施	1		
					□签订了施工作业安全协议书	1		
					□安排人员对施工机具进行检查确认	1		
					□作业前，进行了危害识别及风险分析、安全交底、风险告知	2		
					□作业前，办理了相关作业票证	1		
					□施工作业现场划出安全隔离作业区	1		
					□属地单位对作业过程安全监督管理情况	3		
用火作业	2.1 方案管理	抽查	《管道储运有限公司用火作业安全管理办法》（石化管道储运安〔2015〕370号）、《关于调整原油储罐维修期间用火级别的通知》（石化管道储运安〔2016〕182号）	20	□作业前，运用JSA等方法进行风险分析，制定相应的作业程序及安全措施	1		
					□用火经过了审批	1		
	2.2 人员管理	抽查			□许可证签发人持证上岗；监护人不在现场不用火	1		
					□作业前，进行了安全交底和风险告知	1		
					□现场人员劳保穿戴齐全，符合要求	1		
	2.3 作业现场管理	抽查			□用火作业全程视频监控	1		
					□对用火点进行了可靠的隔离与置换	3		
					□按要求进行了用火分析，保存相关数据	2		
					□作业现场安全措施到位	3		
					□机具物料现场摆放整齐、合理	1		
					□消防设备及器材等配备到位	1		
	2.4 许可证管理	抽查			□现场检查、签发许可证	2		
					□许可证内容齐全、填写清晰	1		
					□按要求保存作业许可证	1		

续表

检查项目	检查要点	检查比例	检查评定标准	标准分数	检查内容分解	分解分数	实际得分	备注
临时用电管理	3.1 危害识别	抽查	《管道储运有限公司用火作业安全管理办法》（石化管道储运〔2015〕370号）、《关于调整原油储罐罐维修期间用火级别的通知》（石化管道储运〔2016〕182号）	11	□作业前，运用JSA等方法进行危害识别和风险分析，制定并落实相应的作业程序和安全措施	1		
	3.2 人员管理				□许可证签发人和监护人持证上岗，电气作业人员持证上岗	1		
					□电气作业人员劳保用品配备齐全，穿戴符合要求	1		
					□作业前，进行了作业程序和安全措施交底，施工人员对用电风险和应急处置方法清楚	1		
	3.3 作业现场管理	抽查			□作业期间全程视频监控	1		
					□用电安全措施正确、齐全	2		
					□配电箱和线路采取了安全防护措施	1		
	3.4 许可证管理	抽查			□现场检查，签发许可证	1		
					□许可证内容齐全、填写清晰	1		
					□按要求保存许可证	1		
进入受限空间作业	4.1 危害识别	抽查	《中国石化进入受限空间作业管理规定》（中国石化安〔2015〕675号）	13	□作业前，运用JSA等方法进行危害识别和风险分析，制定相应的作业程序、安全防范和应急措施	1		
					□许可证签发人和监护人持证上岗；监护人不在现场不进入受限空间，实行全过程监护	1		
	4.2 人员管理	抽查			□进行作业程序和安全措施交底	1		
					□作业人员、监护人劳保穿戴齐全，符合要求	1		

续表

检查项目	检查要点	检查比例	检查评定标准	标准分数	检查内容分解	分解分数	实际得分	备注
进入受限空间作业	4.3 作业现场管理	抽查	《中国石化进入受限空间作业安全管理规定》(中国石化安〔2015〕675号)	13	□作业过程全过程视频监控。对确实难以实施视频监控的作业场所，应在受限空间出口设置视频监控（分析）并合格	1		
					□按要求进行了气体检测（分析）并合格	1		
					□受限空间通风设施完好、齐全，满足通风要求	1		
					□应急救护器具符合要求	1		
					□作业安全措施落实到位	2		
	4.4 许可证管理	抽查			□现场检查，签发许可证	1		
					□许可证内容齐全，填写清晰	1		
					□按要求保存作业许可证	1		
起重作业	5.1 方案管理	抽查	《中国石化进入受限空间作业安全管理规定》(中国石化安〔2015〕675号)	11	□在进行大型起重和特殊物作起重作业前，编制了起重作业方案，确定相应的作业程序和安全措施	1		
					□作业前，针对作业内容进行JSA分析，方案得到批准	1		
	5.2 人员管理	抽查			□许可证签发人和监护人持证上岗	1		
					□起重指挥、司索人员（起重工）和起重机械操作人员具备资格	1		
	5.3 作业现场管理	抽查			□作业期间全程视频监控	1		
					□起重机械和吊、索具作业前进行检查，确保完好	1		
					□吊物捆扎符合规范	1		
	5.4 许可证管理	抽查			□吊装指挥、操作合规范	1		
					□现场检查，签发许可证	1		
					□许可证内容齐全，填写清晰	1		
					□按要求保存作业许可证	1		

续表

检查项目	检查要点	检查比例	检查评定标准	标准分数	检查内容分解	分解分数	实际得分	备注
动土作业	6.1 危害识别	抽查			□作业前,针对作业内容进行JSA分析,制定相应的作业程序和安全措施	1		
	6.2 人员管理	抽查			□许可证签发人和监护人持证上岗	1		
					□作业前,进行安全教育和安全技术交底。动土作业过程中,施工单位应设专业监护	1		
					□作业期间应全程视频监控	1		
	6.3 作业现场管理	抽查	《中国石化破土作业安全管理规定》(中国石化安〔2011〕716号)	13	□在坑、槽、井、沟的边沿安放机械、铺设物或通行车辆时,保持适当距离,采取固壁措施	1		
					□动土开挖时,应防止邻近建(构)筑物、道路、管道等下沉和变形;要由上至下逐层挖掘。挖出的泥土应堆放在距坑、槽、井、沟边沿至少0.8m处,堆土高度不得大于1.5m。挖出的泥土不应堵塞下水道和管井;在动土开挖过程中,应采取防止滑坡和塌方的措施	1		
					□使用电动工具应安装漏电保护器。动土临近地下隐蔽设施时,应使用适当工具挖掘,避免损坏地下隐蔽设施	1		
					□在道路上(含居民区)及危险区域内施工,施工现场设围栏、盖板和警示标志。地下通道施工或进行顶管作业影响地上安全,或地面活动时,夜间设警示灯。在地下通道施工时,设围栏、警示牌、警示灯	1		
					□根据土壤性质、湿度和挖掘深度安全设置安全边坡或固定支撑	1		
					□在消防主干道上的动土作业,应分步施工,保证消防影响车顺利通行。如影响消防主管道,必须向上级主管部门与消防主管部门报告	1		
	6.4 许可证管理	抽查			□现场检查,签发许可证	1		
					□许可证内容齐全、填写清晰	1		
					□按要求保存作业许可证	1		

续表

检查项目	检查要点	检查比例	检查评定标准	标准分数	检查内容分解	分解分数	实际得分	备注
高处作业	7.1 危害识别	抽查	《中国石化高处作业安全管理规定》（中国石化安[2016] 4号）	13	□作业前，针对作业内容进行 JSA 分析，制定相应的作业程序及安全措施	1		
	7.2 人员管理	抽查			□许可证审批人持证上岗，并设专人监护	1		
					□高处作业人员身体健康，满足高处作业要求；熟知作业危害因素和安全及应急措施	1		
					□作业期间全程视频监控	1		
					□作业人员劳保用品符合高处作业要求，正确使用防坠落用品	2		
	7.3 作业现场管理	抽查			□高处作业使用的工具、材料和杂物妥善放置	1		
					□交叉作业时设置安全防护措施	1		
					□高处作业相关安全措施到位	2		
	7.4 许可证管理	抽查			□现场检查，签发许可证	1		
					□许可证内容齐全、填写清晰	1		
					□按要求保存作业许可证	1		
盲板抽堵作业	8.1 危害识别	抽查	《中国石化盲板抽堵作业安全管理规定（试行）》（中国石化安[2016] 5号）	9	□作业前，针对作业内容开展 JSA 分析，制定相应的作业程序及安全措施	1		
	8.2 人员管理	抽查			□许可证审批人持证上岗	1		
					□对盲板抽堵作业人员、监护人员进行作业内容、作业程序及要求、作业风险与对策措施、应急方案等内容的书面交底	1		
	8.3 作业现场管理	抽查			□作业期间全程视频监控	1		
					□安全措施落实，作业符合安全要求	2		
	8.4 许可证管理	抽查			□现场检查，签发许可证	1		
					□许可证内容齐全、填写清晰	1		
					□按要求保存作业许可证	1		

续表

检查项目	检查要点	检查比例	检查评定标准	标准分数	检查内容分解	分解分数	实际得分	备注
脚手架作业	9.1 管理要求	抽查			□脚手架不准私自拆改	1		
					□大型脚手架搭设、拆除有施工方案，经过审批	1		
					□构配件材质检验合格，技术资料齐全	1		
	9.2 脚手架作业人员	抽查		10	□高处搭设人员持证上岗且证书在有效期内	1		
					□搭设完毕的脚手架进行检查验收并挂牌、定期检查	1		
	9.3 作业现场管理	抽查			□脚手架的拆除按顺序由上而下施工	1		
					□脚手架杆间距符合规范、脚手架钢管无弯曲变形及严重锈蚀；脚手板无弯曲变形、腐蚀锈蚀	1		
					□脚手架立杆基础平实，立杆底部设置底座、垫板，扫地杆的设置和固定符合规范要求，脚手板已满铺并固定且无探头板	2		
					□作业区域设置警戒线	1		
射线作业及防护	10.1 基本要求	100%			□制定放射防护管理制度，建立射线装置管理台账，编制放射事件应急预案	1		
	10.2 许可与备案	最近1年		10	□取得相关政府环保部门核发的辐射安全许可证	1		
	10.3 从业人员管理	抽查			□放射工作人员必须经过辐射安全和防护知识及相关法律、法规知识培训，和卫生行政部门的考核合格，取得环保部门的"辐射防护培训合格证""放射工作人员证"	1		
					□每年组织在岗对放射工作人员进行职业健康检查，必要时可增加临时性检查	1		

续表

检查项目	检查要点	检查比例	检查评定标准	标准分数	检查内容分解	分解分数	实际得分	备注
射线作业及防护	10.4 辐射场所安全与防护管理	100%		10	□配备辐射防护仪器、防护用品	1		
		抽查			□使用射线防护装置、建立固定放射作业场所，进行辐射环境影响评价	1		
		100%			□对射线装置，应设置明显的放射性标识和中文警示说明	1		
		100%			□在室外、野外从事放射工作前，应办理"集团公司射线作业许可证"；在作业现场应划出安全防护区域，设置明显的放射性警示标识和防护设施	1		
	10.5 监督检查	最近1年			□主管部门不定期组织对单位射线装置防护管理情况进行监督、检查。	1		
	10.6 定期监测	最近1次			□定期将个人剂量计送交有资质机构检测	1		
				120		120		

表 9-2　直接作业环节 JSA 提示表

序号	作业步骤	作业步骤细分	危害描述（注 1）	现有控制措施（注 2）	补充控制措施（注 2）
一	作业前安全措施确认				
二	作业活动				
三	完工验收				

续表

注1：危害辨识提示栏　　　　注2：控制措施提示栏

人	机（设备、能量）	环	管	工程控制措施	标志、警告和管理控制措施	个体防护装备
□专业技能和安全意识不足	□设备不达标	□作业区杂乱	□操作规程不规范	□机械代替手工	□警示带	□安全帽
□指挥失误	□密封不良	□地面湿滑	□未落实培训	□无毒代替有毒	□挂签	□安全鞋
□违章指挥	□设备缺陷	□作业场所空气不合格	□未进行安全交底	□低毒代替高毒	□作业许可证	□呼吸器
□违章作业	□无防护装置	□周围正在进行的作业活动和作业人员	□事故应急预案及响应缺陷	□减小重量、尺寸	□现场报警系统	□防护服
□违规监护	□摆放错误	□盲区、死角	□违规使用、管理、作业许可证	□密封	□作业监护	□防护手套
□超出能力范围	□设备过载	□作业产生的废物垃圾	□其他	□局部通风	□教育培训	□防护眼镜
□健康状况异常	□电伤害	□安全撤离路线缺陷		□稀释通风	□规章制度	□面罩
□用力过度/背部扭曲/视觉疲劳/重复动作	□噪声	□异常天气		□联锁	□合理工作时间，减少暴露	□安全带
□其他	□高空坠物、飞溅物或其他物体伤害	□吸入/接触化学品		□湿法	□其他	□其他
	□明火	□作业场所存在危险品		□安全距离		
	□高温/低温	□照明不足		□隔离		
	□爆炸品/易燃品	□脚手架、阶梯缺陷		□设置薄弱环节		
	□有毒品	□警示标示缺陷		□其他		
	□介质渗漏	□缺乏监控设备				
	□其他	□缺乏消防设备				
		□其他				

表9-3 用火作业JSA记录表

作业活动	××用火作业		
JSA分析负责人	JSA分析人员		日期

序号	工作步骤	危害描述	现有控制措施（区域工艺过程）	补充控制措施
1	作业前安全措施确认	作业人员安全意识不足	基层单位及施工单位现场安全负责人应对现场监护人和作业人员进行必要的安全教育	
		作业现场及周围存在易燃物品	用火点周围要清除易燃物、下水井、地漏、地沟、电缆沟等处采取覆盖、铺沙、水封等手段进行隔离	用火点30m范围以内严禁排放各类可燃气体；15m范围以内严禁排放各类可燃液体，也不可进行装卸作业
		物料泄漏	切断物料来源，并加设盲板，确保系统彻底隔离	对加设盲板处进行挂签
		用火设备内存在易燃、易爆介质	对设备进行彻底冲洗、置换至分析合格；对于无法彻底置换的易燃介质，通以蒸汽（或氮气）后进行用火	
		用火部位存在有毒介质	用火部位存在有毒介质的，应对其浓度进行检测分析，若含量超过该空间内空气中有毒物质最高容许浓度时，应采取相应的通风或防护措施	若有毒介质有易燃、易爆性，则进行相应消除控制措施
		作业前未进行可燃气体检测或检测不达标	采用便携式气体检测报警仪检测时，可燃气体浓度低于爆炸下限（LEL）的10%为合格	
		劳保着装不规范	按规定着装，穿戴必要的劳保用品（护目镜、工作服等）	……
		……		
2	用火作业	作业人员不清楚作业情况	作业前必须组织进行安全交底	
		许可证上的作业人员、用火部位、用火级别与实际不符	严格按照作业许可证内容进行用火作业，实行"一处一证一人"	

续表

序号	工作步骤	危害描述	现有控制措施	补充控制措施
2	用火作业	用火现场通风不良	保持良好通风，必要时进行强制通风	
		氧气瓶、乙炔气瓶摆放不正确	氧气瓶、乙炔气瓶与用火点距离大于10m	氧气瓶、乙炔气瓶间隔必须大于5m
		现场未设置安全警示标志和安全警戒线	现场设置安全警示标志和安全警戒线	
		消防通道堵塞	施工机具和材料摆放不得堵塞消防通道和影响生产设施，装置人员的操作与巡回检查	
		涉及危险作业组合，未落实相应安全措施	若涉及高处、受限空间等危险作业时，应同时办理相关作业许可证	
		高处用火作业未采取防止火花溅落措施	高空进行动火作业，其下部地面如有可燃物、空洞、管井、地沟、水封等，应进行检查分析并采取措施，以防火花溅落引起火灾爆炸事故	
		现场监控不足	作业现场应采取视频监控	
		现场消防器材不足	按规定配备足够消防器材	
		……	……	……
3	完工验收	未进行完工验收或用火完毕后未清理现场	用火结束后，作业人员必须清理现场，消除残留风险因素，监护人员应认真检查施工周围是否有易燃、易爆物品或余火，进行完工验收后，方能结束作业	……

表 9-4 高处作业 JSA 记录表

作业活动	×× 用火作业		区域/工艺过程		
JSA 分析负责人		JSA 分析人员		日期	
序号	工作步骤	危害描述	现有控制措施		补充控制措施
1		施工单位不了解现场情况	现场负责人应向施工单位负责人进行安全技术交底		
		作业人员患有不适宜高处作业的身体疾病或带病作业	凡患高血压、心脏病、贫血病、癫痫病、精神病以及其他不适于高处作业的人员，不得从事高处作业		
		缺乏紧急情况应对措施	制定应急预案，内容包括：作业人员紧急状况时的逃生路线和救护方法，现场应配备的救生设施和灭火器材等		
	作业前安全措施确认	作业人员安全意识不足	基层单位与施工单位应做好必要的安全教育		
		缺少高处作业通信联络设备	高度在 15m 及以上高处作业应配备通信联络工具		
		未佩戴符合标准的安全设施和个人防护用品	必须戴安全帽、防护眼镜、防护手套、穿工作服、劳保鞋，系好安全带		
		邻近地区有排放有毒、有害气体或粉尘的烟囱或设备	在邻近地区设有排放有毒、有害气体及粉尘超出允许浓度范围的场合，严禁进行高处作业		在允许浓度范围内，应采取有效的防护措施，佩戴防毒面具
		……	……		……
2	高处作业	施工人员不了解作业情况	施工单位负责人应向施工作业人员进行作业程序和安全措施的交底		
		作业场所照明光线不良	作业现场照明充足		作业现场照明应适度，光线不应过强或过弱
		作业监护不到位	高处作业应设监护人对高处作业人员进行监护，监护人应坚守岗位		

续表

序号	工作步骤	危害描述	现有控制措施	补充控制措施
2	高处作业	作业材料堆放无序	高处作业严禁上下投掷工具、材料和杂物等，所用材料应堆放平稳，必要时应设安全警戒区，并设专人监护	
		脚手架不符合规范	采用钢制脚手架，搭设符合脚手架规范要求，跳板两端必须捆绑牢固，验收合格后方可作业	作业人员上下脚手架需有可靠安全措施
		存在上下交叉作业	交叉作业应落实"错时、错位、硬隔离"要求	坠落高度超过 24m 的交叉作业，应设双层防护
		高温或寒冷天气作业	气温高于 35℃（含 35℃）或低于 5℃（含 5℃）条件下及时采取防暑、防寒措施；当气温高于 40℃ 时，停止高处作业	
		雨、雪天作业	雨、雪天作业时，必须采取防滑、防寒措施	恶劣天气不得进行高处作业
		……	……	……
3	完工验收	未进行完工验收或作业完毕后未清理现场	按规定进行清理现场，并完工验收	

第10章 沟下作业

10.1 基本要求

（1）管沟是指采用开挖或爆破方式成型的用于管道直埋或施工的沟槽。

（2）沟下作业是指在深度超过 1.2m 的管沟内进行管道安装、清沟、无损检测、防腐补口及相关作业。

（3）本规定适用于管道公司（以下简称"公司"）管辖范围内新建、改建、扩建、修理管道及其附属设备的沟下作业。本规定不适用于隧（巷）道内的管道作业。

（4）沟下作业时，需办理"沟下作业许可证"。

（5）沟下作业涉及到用火、临时用电、起重作业时，必须办理相应的作业许可证。

（6）许可证审批人和监护人应持证上岗，安全监督部门负责组织业务培训，颁发资格证书。

（7）作业期间，应全程视频监控。

10.2 管理职责

10.2.1 作业申请人职责

（1）应为作业单位项目经理（负责人）或其书面授权的现场作业负责

人。一次仅能授权一份作业许可证中的作业内容。

（2）应组织对作业进行JSA分析。

（3）申请作业许可证，准备好相关资料，包括但不限于以下内容：

①作业内容说明。

②相关附图，如平面布置示意图等。

③JSA分析。

④施工方案。

（4）组织现场安全技术交底。

（5）组织实施作业。

（6）对作业安全措施的有效性和可靠性负责。

10.2.2　作业许可审批人职责

（1）作业许可审批人应按照"谁主管、谁负责"和属地管理的原则分级确定。

（2）深度在5m以内的沟下作业，由现场代表或属地基层负责人审批；深度超过5m（含5m）的沟下作业，审批人应是项目经理、属地单位的主管领导或其书面授权的现场负责人。一次仅能授权一份作业许可证中的作业内容。

（3）审批人必须亲临现场检查，督促落实安全措施后方可审批作业。应组织申请人及作业涉及相关方人员进行安全措施审查，审查内容包括但不限于以下内容：

①确认作业的详细内容。

②确认必要的相关支持文件，包括工作JSA分析、施工方案、作业区域相关示意图、作业人员资质等。

③确认对安全完成作业所涉及的其他相关专项作业和要求。

④确认作业前、后应采取的所有安全措施、应急措施。

⑤分析、评估周围环境或相邻工作区域间的相互影响，并确认安全措施。

10.2.3　作业监护人职责

（1）项目负责单位监护人员职责：

①组织并参加作业前安全条件检查及确认。

②监督作业单位落实安全措施。

③发现本章10.3.4（4）中情况之一时，取消作业许可。

（2）作业单位监护人职责：

①沟下作业时，每个作业点应设专人监护，作业监护人必须实行全过程监护，作业监护人在作业期间，不得离开作业现场且不得做与监护无关的事。

②熟悉作业区域环境和工艺情况，有判断和处理异常情况的能力，掌握急救知识。

③对安全措施落实情况进行检查，发现安全措施不落实或不完善时，有权制止作业。

④发现异常情况时，应及时组织人员、设备撤离。

10.2.4　监理职责

（1）参加作业前安全条件的检查及确认。

（2）沟下作业过程中全过程旁站监理。

（3）发现本章10.3.4（4）中情况之一时，有责任要求现场暂停作业并通知审批人取消作业许可。

10.2.5　作业人员职责

（1）熟悉作业内容，熟知作业中的危害因素和安全措施。

（2）掌握正确使用个人防护装备的方法。

（3）清楚作业过程中与监护人员的沟通方式及紧急情况时的撤离方式。

（4）按施工方案的要求作业。

（5）在安全措施不落实、作业监护人不在场等情况下有权拒绝作业。

10.3　管理内容及要求

10.3.1　作业危害分析（JSA）

（1）按照"谁作业、谁负责"的原则，作业前，作业单位会同项目负责单位针对作业内容进行 JSA 分析，制定相应安全作业程序和安全技术措施。

（2）深度超过 5m（含 5m）的管沟内作业应编制专项施工方案，作业单位组织评审或审查并形成意见，作业单位按照评审或审查意见修改完善后实施。

（3）施工方案要按照相关程序，必须经作业单位、监理、项目负责单位审批。

10.3.2　作业安全措施

（1）办理沟下作业许可前，应查明沟下地质情况（如石方段、土方段、水田或地下水位较高地段等），有针对性地制定预防塌方措施。

（2）沟下作业前，必须彻底清理管沟两侧的危石、浮石等硬质杂物。

（3）土方段沟下作业，管沟应采用放坡的方式预防塌方，沟深超过 5m 时，采取边坡适当放缓，加支护或采取阶梯式开挖措施。

（4）水田或地下水位较高地段沟下作业，应采用有效的预防塌方措施，必要时在管沟两侧打上钢板桩或木桩。管沟有水时，要先降水再进行施工。

（5）特殊地段由于受地理条件制约而无法达到放坡要求的，沟下作业时必须采取满足要求的安全防护技术措施，如采用沟壁支护、挡板、防护铁笼等。

（6）沟下进行组焊、清沟、沟下连头、无损检测、防腐补口等作业时，沟底宽度应满足作业要求。

（7）沟下作业时，应最少设置两处梯子、台阶或坡道等逃生通道。

（8）严禁在沟内休息。

（9）作业人员发现异常，应立即撤离作业现场。

10.3.3　作业过程管理

（1）沟下作业前，逐条落实安全措施。

（2）沟下作业前，对已开挖管沟边坡稳定性进行认真检查。管沟边堆土距离沟边至少1.0m以上，堆积高度不超过1.5m。

（3）作业过程中，应对沟边坡或固定支撑随时检查，及时发现边坡裂缝、松疏或支撑折断、走位等异常情况，并立即停止工作，及时撤离有关人员，采取隔离措施，在危险没有消除前杜绝沟下作业。

（4）在沟边停放施工机械，要距离管沟边最少2m以上，施工机械行走安全距离距沟边应大于3m且缓慢通过。

（5）沟下组对、焊接作业时，沟上的吊管机等起重设备不得熄火，操作人员不得下车。起吊时，起吊物件下方严禁站人，起吊物件与沟壁间严禁站人，确认物件平稳后两侧方可站人。

（6）遇到六级以上大风或大雪、大雨、大雾等恶劣天气时，禁止作业。

10.3.4　许可证管理

（1）许可证一式三联，第一联交项目负责单位留存，第二联交作业单位，第三联交作业监护人随身携带。

（2）一个施工点、一个施工周期应办理一张作业许可证；作业条件发生改变时，应重新办理作业许可证。

（3）严禁涂改、转借沟下作业许可证，不得擅自变更作业内容、扩大作业范围或转移作业地点。

（4）发生以下情况时，项目负责单位、监理、作业单位都有责任随时取消作业许可，停止作业：

①作业环境和条件发生变化。

②作业内容发生改变。

③发现新增风险。

④发现较大或重大安全隐患。

⑤紧急情况或事故状态。

（5）许可证保存期为1年。

10.4　监督、检查与考核

（1）安全环保监察处、二级单位安全部门、项目管理单位负责沟下作业的安全监督、检查、考核。

（2）监督、检查方式通过综合检查、专项检查、远程视频、现场检（抽）查、"四不两直"等方式进行，对不符合规定的行为及时制止、纠正；情节严重的，立即停工整改。

（3）检查内容为相关作业许可证申请、签发、验收情况，作业工序 JSA分析情况，施工方案审批情况，作业现场安全措施落实情况，安全管理制度执行情况，检查结果通过会议纪要、检查通报、工作简报、整改通知单等方式形成过程资料。

（4）监督、检查根据工程进度不定期进行。

（5）考核依据检查情况综合评定，每年考核一次。奖惩按《管道储运有限公司施工现场安全管理处罚规定》《管道储运有限公司施工承包商量化考核评价管理办法（试行）》和《管道储运有限公司不作为责任追究暂行规定》执行。

10.5　事故案例

10.5.1　事故过程

某年 4 月 11 日下午，某施工单位进行雨水管道土方工程施工。在机械开挖的同时，3 名工人在沟底进行清基作业，在作业过程中发现两侧土方有坍塌的危险时，没有立即离开沟底危险区域，而是想办法进行支护。随即有一侧土方出现坍塌将一人掩埋，另外两人及时躲避并大声呼救，附近有 4 人跳下沟进行救援，不料管沟再次发生大面积坍塌，又将 3 人全部埋入土方中。经施工单位和当地公安干警、消防官兵近 200 人的奋力抢救，还是造成了 4

人死亡、3 人受伤的事故。

10.5.2 事故原因

（1）施工单位未按照施工图纸和地基基础施工规范要求放坡施工。

（2）施工单位违反施工规范，将挖出的土方超高堆放在沟槽边沿，以致沟壁承压失稳坍塌。

（3）当第一次坍塌发生后，救援人员忽视危险防范、盲目施救，没有观察、预料到还有坍塌危险的可能，以致发生进一步人员伤亡。

（4）安全管理人员和旁站监理不在现场，安全监管不到位。

（5）没有进行作业安全分析（JSA），没有进行安全技术交底，未进行有效的安全教育培训。

10.6 表格

（1）表 10-1 为管道储运有限公司沟下作业许可证。

（2）表 10-2 为管道储运有限公司沟下作业安全管理规定（简化版）。

表 10-1 管道储运有限公司沟下作业许可证

作业证编号：　　　　　　　　　　　　　　　　　第____联/共三联

申请单位		申请人	
监护人及证号			
作业开始时间		年　　月　　日　　时　　分	
作业地点			
作业内容			
涉及的其他特殊作业			

续表

序 号	安全措施	确认人签字
1	开展 JSA 风险分析，并制定相应安全措施	
2	施工方案已经按程序审批	
3	安全技术交底已落实	
4	已进行放坡处理或固壁支护	
5	已对管沟边坡稳定性进行检查	
6	已对沟边堆土及施工机械停、摆放安全间距检查确认	
7	人员进出口和撤离安全措施已落实：①梯子；②坡道	
8	作业现场围栏、警戒线、警告牌、夜间警示灯已按要求设置	
9	视频监控措施已落实	
10	涉及到动土、用火、进入受限空间、临时用电、起重、盲板抽堵等危险性较大的作业时，相关作业许可证的办理情况	
11	其他安全措施	

申请单位负责人意见：

　　　　　　　　签字：　　　　　　　　　　　年　月　日　时　分

监理单位意见：

　　　　　　　　签字：　　　　　　　　　　　年　月　日　时　分

项目负责单位意见：

　　　　　　　　签字：　　　　　　　　　　　年　月　日　时　分

完工验收：

　　　　　　　　签字：　　　　　　　　　　　年　月　日　时　分

注：1. 作业申请人应为作业单位项目经理（负责人）或其书面授权的现场作业负责人。
　　2. 安全措施确认人签字必须是作业单位监护人和项目负责单位监护人共同签字确认。
　　3. 本许可证一式三联，第一联交项目负责单位留存，第二联交作业单位留存，第三联交作业监护人随身携带。

表 10-2　管道储运有限公司沟下作业安全管理规定（简化版）

序号	单位/人员	时间（频率）	条件/地点	工作内容及标准	方式	过程资料
一	执行单位					
1	基本要求：规定沟下作业定义及适用范围，审批人和监护人要求					
2	管理职责：沟下作业相关人员需要履行的岗位职责					
2.1	申请人	作业前	—	熟悉申请人职责，按照规定完成作业内容 JSA 分析，施工方案，相关附图等资料，组织完成现场安全技术交底	书面明确	管理职责
2.2	审批人	作业前	作业现场	熟悉审批人职责，组织申请人及作业相关人员进行现场审查，确认作业内容、施工方案与现场情况的符合性，分析评估施工区域与周围环境的相互影响，检查确认安全措施后现场签许可证	书面明确	管理职责
2.3	监护人	作业期间	作业现场	熟悉监护人职责，组织并参加作业前安全条件检查确认，检查作业内容、施工方案的执行情况，分析评估作业区域与周围环境的相互影响，作业期间全过程监护，及时制止违章作业	书面明确	管理职责
2.4	监理人员	作业期间	作业现场	熟悉监理职责，检查确认作业内容、施工方案的执行情况，施工安全、质量、进度负责，作业期间全过程旁站监理，及时制止违章作业	书面明确	管理职责
2.5	作业人员	作业期间	作业现场	熟悉作业内容，熟知作业中的危害因素和安全措施，按施工方案要求进行作业，安全措施不落实、正确穿戴个人劳动保护用品，作业监护人不在现场有权拒绝作业	书面明确	岗位职责
3	管理内容及要求					
3.1	JSA 分析人员	作业前	—	按照"谁作业、谁负责"的原则，作业单位会同项目负责单位针对作业内容进行 JSA 分析，制定相应安全作业程序和安全技术措施。分析结果连同施工方案经监理单位签字认可	JSA 分析表	施工方案

续表

序号	单位/人员	时间（频率）	条件/地点	工作内容及标准	方式	过程资料
3.2	现场管理人员	作业期间	作业现场	项目负责单位、承包商现场管理人员应查明沟下地质情况，有针对性地制定预防塌方措施，彻底排查作业现场安全隐患，完善施工方案，督促整改安全措施与标准规范不符合项，发现危及施工安全的情况时及时通知停工	现场检查	档案台账
3.3	资料管理人员	作业完成后	—	作业完成后，及时归档作业许可证。一个施工点，一个施工周期应有一张作业许可证；项目负责单位、承包商分别留存许可证备查	收集汇总	档案台账
4	监督、检查与考核					
4.1	监督	不定期	—	作业期间，项目负责单位严格执行作业规定，督促作业单位落实安全措施	书面明确	会议纪要 检查通报
4.2	检查	不定期	—	作业期间，项目负责单位、监理单位对施工方案不落实、安全措施不符合标准规范的行为及时纠正、制止	检查台账	检查通报 工作简报 整改通知
4.3	考核	季度	—	项目负责单位对作业单位每季度的诚信行为评价	计分表	考核评价报告
二	安全监管单位					
1	二级单位安全部门	年度	—	对项目负责单位工程管理能力进行综合评价，对承包商诚信行为、安全、文明施工行为进行综合评价，考核结果上报安全环保监察处	计分表	考核评价报告
2	公司安全环保监察处	年度	—	对项目负责单位工程管理能力、承包商诚信行为、施工现场管理行为进行综合评价	计分表	考核评价报告

第11章
压力试验作业

11.1 基本要求

（1）本规定中的压力试验作业是指对长输管道、场站工艺管道、压力容器、受压元件等承压体进行耐压能力测试的过程，包括强度压力试验和严密性压力试验。压力试验一般分为液压试验和气压试验。

（2）本规定适用于管道公司所属各单位（包括工程建设项目部）的固定式承压设备、受压元件的压力试验作业。非固定式承压设备（移动式压力容器、气瓶等）应按有关规定在具有特种设备检验资质的机构进行检验和压力试验。

（3）需要进行热处理、无损探伤的承压设备应经热处理、无损探伤合格后，方可进行压力试验作业。

（4）本规定须同时满足相关压力容器、压力管道、锅炉等安全技术监察规程的要求。

（5）压力试验作业时，须办理压力试验作业许可证，涉及进入受限空间、临时用电等作业时，应办理相应的作业许可证。

（6）许可证审批人和监护人应持证上岗，安全监督管理部门负责组织业务培训，颁发资格证书。

（7）作业期间应全程视频监控。

11.2 职责

11.2.1 压力试验作业项目管理单位职责

（1）压力试验作业项目管理单位是指固定式承压设备、受压元件的管理单位。由二级单位管理或二级单位组织安装的固定式承压设备、受压元件，压力试验作业项目管理单位是二级单位。由重点工程建设项目部组织建设安装的固定式承压设备、受压元件，在未移交二级单位管理前，进行压力试验作业，压力试验作业项目管理单位是重点工程建设项目部。

（2）负责压力试验作业方案的审批。

（3）负责压力试验作业单位人员的安全培训。

（4）对作业条件、安全措施、应急准备等进行确认。

（5）负责作业过程安全监督管理。

（6）提供或指定压力试验作业所需的场地、电源、水源等。

（7）作业许可证审批人为压力试验作业项目管理单位领导，是作业安全措施的最终确认人。

11.2.2 压力试验作业单位职责

（1）压力试验作业单位是作业安全的责任主体，对作业安全负责。

（2）负责编制压力试验作业方案，组织 JSA 分析，制定安全措施，编制应急处置方案，报压力试验作业项目管理单位和监理单位审批。

（3）对压力试验设备、机具、安全附件、仪表等，向压力试验作业项目管理单位、监理单位进行报验，报验合格后方可使用。

（4）按规定将特种设备作业人员、检测人员报监理单位、压力试验作业项目管理单位备案。

（5）按照已批准的压力试验方案对施工人员进行安全技术交底。

（6）对作业人员进行技能和安全培训，在指定区域内开展作业活动。

（7）作业现场设备、材料等摆放合理、整齐，消防器材配备齐全，消防及逃生道路畅通。

（8）压力试验作业人员自觉接受压力试验作业项目管理单位、监理单位及其他管理部门的检查和监督。

（9）压力试验作业单位应真实、完整填写压力试验记录，报监理单位、压力试验作业项目管理单位签字确认。

11.2.3　监理单位职责

（1）监督、指导现场作业。

（2）负责对压力试验结果的确认。

11.3　压力试验作业过程的安全管理

11.3.1　压力试验作业准备

（1）核对在压力试验范围内的管道、容器、设备已按设计要求施工完毕且质量检验合格，对其内部进行清洗、清洁、吹扫、蒸煮、置换等必要处理。

（2）与压力试验无关的系统应用盲板或其他措施隔开，将不参与压力试验的安全阀、仪表等拆下或隔离。

（3）对压力试验范围内的管道、容器、设备进行检查，各连接部位的紧固螺栓必须装配齐全，支承部位、盲板、封头、连头应牢固、可靠，对可能发生移动的部位应有效固定。

（4）压力试验所依据的相关文件（包括设计文件和各种重要的检验报告）必须准备齐全、有效。

（5）试验用压力表已经校验，并在有效期内，其精度不得低于1.6级，表的满刻度值应为被测最大压力的 1.5～2 倍，表盘直径不小于100mm，被压力试验本体上应至少安装 2 个压力表，并垂直安装在便于观察的位置。

（6）设置压力试验作业警戒区和相应安全标志，主要包括场地围栏或警

戒线，以及压力试验警示标示牌。

（7）必要时，现场交通工具、通信工具、医疗救护设备等应准备到位。

11.3.2　压力试验作业

（1）涉及设备管理单位的设备操作，由设备管理单位人员进行。

（2）液压试验：

①液压试验应使用清洁水，当对奥氏体不锈钢管道或对连有奥氏体不锈钢管道或设备的管道进行试验时，水中氯离子含量不得超过25mg/L。

②向系统中注入液体时，应进行空气排空。升压应缓慢，按照规范要求进行强度和严密性试验。当压力不降、无泄漏和无变形时为压力试验合格。

③当设计未明确具体温度要求时，非合金钢液压试验宜在环境温度5℃以上进行，当环境温度低于5℃时，应采取防冻措施；合金钢液压试验时，温度不得低于15℃。试验时，应测量试验温度，严禁材料试验温度接近其脆性转变温度。

④当管道与设备作为一个系统进行试验时，若管道的试验压力等于或小于设备的试验压力，应按管道的试验压力进行试验；当管道试验压力大于设备的试验压力，且设备的试验压力不低于管道设计压力的1.15倍时，经压力试验作业项目管理单位同意，可按设备的试验压力进行试验。

⑤水压试验时，应注意监视不同位置压力表是否同步上升。

⑥在试验未达设计压力时，如果发现有部件渗漏，检查人员应撤离渗漏点，并在安全距离处悬挂危险标识牌。

⑦在试验已达到强度试验压力进行稳压时，不准进行任何检查，应在试验压力降至设计压力后才能进行检查。

⑧水压试验过程中，压力试验人员应监视压力情况，做好防止超压的各项安全预防措施。升压期间不得更换操作人员，若发现超压，应立即停止上水，并打开事故放水阀门泄压。

⑨水压试验过程中，任何人员不得随意提高试验方案规定的试验压力值。

（3）气压试验：

①气压试验所用的气体应为干燥、洁净的空气、氮气或其他惰性气体。

不得使用有毒、易燃的气体进行压力试验。

②对盛装过易燃介质的容器或管道，必须进行彻底的清洗和置换，否则禁止使用空气作为试验介质。

③压力试验前，必须用空气或其他无毒、不可燃的介质进行预压试验，压力应在 0.1~0.5MPa 之间选取，宜为 0.2MPa。

④气压试验时，应逐步缓慢增加压力，当压力升至试验压力的 50% 时，如未发现异常或泄漏，继续按照试验压力的 10% 逐级升压，每级稳压 3min，直至试验压力。达到试验压力后稳压 10min，再将压力降至设计压力。设计压力的稳压时间应根据查漏工作需要而定。以发泡剂检验无泄漏为合格。

11.3.3　压力试验作业的其他要求

（1）安排专人对压力试验警戒区域进行警戒，避免无关人员进入或靠近压力试验区域。

（2）压力试验过程中如遇泄漏情况，不得带压紧固螺栓或进行补焊。

（3）一般在水压试验压力达 0.4MPa 以上，气压试验压力达 0.02MPa 以上时，不得紧固法兰螺栓。

（4）不得冲击受压中的设备、管道，不得敲击受压管路和容器；不得在受压设备、管道上设置电焊搭铁线。

（5）压力试验合格后，试验介质宜在室外合适地点排放，并注意安全。水压试验泄压时，应打开放气阀，防止系统中形成负压。

（6）检查期间，不得采用连续加压维持试验压力的做法。

（7）压力试验检查人员在检查时，不许正对压力试验阀门出口或压力试验段盲板法兰侧方等，以防发生意外。

（8）供压力试验检查人员行走、登高的脚手架等设施，应经验收合格且牢固可靠。

（9）压力试验后，系统最高处的排气阀和出口应用临时管子接至排污管路等处，防止压力试验介质喷出污染周边环境。

（10）水压试验合格后，应确认水质符合国家相关标准后，选择合适的

地方排放压力试验用水。

11.3.4 压力试验作业结束

（1）压力试验作业完毕，确认管道内的压力降至零后，方可进行临时流程的拆除。

（2）按照《管道储运有限公司盲板抽堵作业安全管理办法》抽取盲板，恢复拆除的管阀、仪表、安全附件等。

（3）及时清理现场，由压力试验作业项目管理单位负责人确认无安全隐患，并在许可证上签字。

（4）压力试验作业项目管理单位和压力试验作业单位应检查现场恢复情况，确认无误、在作业许可证上签字后，方可结束作业。

11.4 许可证办理及有效期限

（1）由压力试验作业单位申请，压力试验作业项目管理单位填写许可证，组织相关工程、安全、生产、管道、设备部门人员审核后，报压力试验作业项目管理单位负责人签发。

（2）一张许可证只限一处压力试验，实行"一处、一证、一监护"，不能用一张许可证进行多处压力试验。

（3）许可证有效期为一个压力试验周期，一般不超过48个小时。

11.5 许可证管理

（1）许可证是压力试验作业的凭证和依据，不得随意涂改、代签，应妥善保管。

（2）许可证一式三联，第一联存放在压力试验作业项目管理单位，第二联由压力试验作业单位现场负责人持有，第三联由压力试验作业单位的压力试验监护人持有。

（3）完工验收后的压力试验作业许可证应妥善归档，保存期限为1年。

11.6 监督、检查与考核

（1）公司及二级单位、重点工程建设项目部、基层站队通过视频、现场检（抽）查的方式对压力试验作业进行监督，对不符合规定的行为及时制止、纠正。情节严重的，予以严肃处理。

（2）公司及二级单位、重点工程建设项目部在安全检查、综合检查工作中，将压力试验作业管理作为检查的重要内容，依据检查情况进行考核。

（3）因压力试验作业发生事故，依据法律、法规和相关规定进行处理。

11.7 事故案例

11.7.1 事故过程

某年3月15日19时35分，某石油化工总厂化工一厂一车间常减压装置大检修前，由某承包商在装置东面17m外空地上对新制成的重叠式换热器进行气密性试验。

换热器每台有40个螺孔，在试验时换热器B装了13个螺栓，换热器A装了17个螺栓。试压环比原封头法兰厚4.7cm，试压环装上后仍用原螺栓。螺栓与螺母装配时两头不均匀。

试压过程中，换热器（B）试压环紧固螺栓拉断，螺母脱落，管束与壳体分离。重4t的管束向前冲出8m，把前方黄河牌载有空气压缩机的汽车大梁撞弯，冲入车底，整台汽车被横推移位2～3m；重2t的壳体向相反方向冲出，与管束分离后飞出38.5m，碰到地桩停止；换热器A、B连接支座螺栓剪断，连接法兰短管拉断，重6t的换热器A受壳体断开短管处喷出气体

的反作用推力，整体向东南方向移位 8m 左右，并转向 170°。现场共有 9 人，4 人不幸死亡。

11.7.2 事故原因

（1）操作人员严重违反国家劳动总局颁发的《压力容器安全监察规程》关于"耐压试验和气密试验时，各部位的紧固螺栓必须装配齐全"的规定。同时，由于试压环比原封头法兰厚 4.7cm，试压环装上后仍用原螺栓，则螺栓与螺母的连接长度不够，加之螺栓与螺母装配时两头不均匀，使连接长度更不足。

（2）现场安全管理严重缺失，业主代表、监理、承包商安全管理人员均不在场，违章作业未能得到及时制止。

（3）作业过程安全管理严重缺乏，试压方案、安全措施、作业安全分析（JSA）、安全交底、安全教育培训全面缺项。

11.8 表格

表 11-1 为管道储运有限公司压力试验作业许可证。

表 11-1 管道储运有限公司压力试验作业许可证

作业证编号： 第___联/共___联

申请单位				申请人			
会签单位							
压力试验部位及内容			压力试验作业单位			作业单位联系人	
压力试验人员			监护人员岗位				
压力试验参数	试验介质	介质温度/℃	环境温度/℃		试验压力/MPa		保压时间/min
压力试验时间	年 月 日 时 分至 年 月 日 时 分						

续表

序 号	压力试验主要安全措施	确认人签名
1	开展 JSA 风险分析，并制定相应作业方案和安全措施	
2	压力试验设备内部清理干净，蒸汽吹扫或水洗合格	
3	断开与压力试验设备相连接的所有系统，加盲板（　　）块	
4	与压力试验点直接相连的阀门上锁挂牌	
5	将不参与压力试验的安全阀、仪表等拆下或隔离	
6	紧固螺栓必须装配齐全，支撑部位、盲板、封头、连头应牢固、可靠，对可能发生移动的部位应有效固定	
7	试验用压力表已经校验，并在有效期内，量程满足需要	
8	供压力试验检查人员行走、登高的脚手架等设施，应经验收合格	
9	设置压力试验作业警戒区和相应安全标志	
10	现场人员个体防护应符合要求，直接作业人员应佩戴护目镜	
11	应急交通工具、通信工具、医疗救护设备等应准备到位	
12	视频监控已落实	
13	其他补充安全措施	

压力试验作业单位意见：	压力试验作业项目管理单位工程管理部门负责人意见：	压力试验作业项目管理单位领导意见：
年　月　日	年　月　日	年　月　日

完工验收	年　月　日　时　分	签名		

注：作业许可证签字指导意见：
（1）申请单位：压力试验作业单位。
（2）申请人：压力试验作业单位现场负责人。
（3）会签单位：属地基层站队；新建设备设施未移交，无会签单位，打"/"。
（4）开展 JSA 风险分析，并制定相应作业方案和安全措施：压力试验作业项目管理单位安全部门负责人（未设置安全部门时，为安全管理人员）。
（5）压力试验设备内部清理干净，蒸汽吹扫或水洗合格：压力试验作业项目管理单位工程管理部门负责人。
（6）断开与压力试验设备相连接的所有系统，加盲板（　　）块：压力试验作业项目管理单位工程管理部门工艺（管线）安装（施工）管理人员。
（7）与压力试验点直接相连的阀门上锁挂牌：压力试验作业项目管理单位工程管理部门设备专业管理人。
（8）将不参与压力试验的安全阀、仪表等拆下或隔离：压力试验作业项目管理单位工程管理部门

设备专业管理人。

(9) 紧固螺栓必须装配齐全，支撑部位、盲板、封头、连头应牢固、可靠，对可能发生移动的部位应有效固定：压力试验作业项目管理单位该区域施工现场管理人员。

(10) 试验用压力表已经校验，并在有效期内，量程满足需要：压力试验作业项目管理单位工程管理部门仪表专业管理人员。

(11) 供压力试验检查人员行走、登高的脚手架等设施，应经验收合格：压力试验作业项目管理单位安全部门负责人（未设置安全部门时，为安全管理人员）。

(12) 设置压力试验作业警戒区和相应安全标志：压力试验作业项目管理单位安全部门负责人（未设置安全部门时，为安全管理人员）。

(13) 现场人员个体防护应符合要求，直接作业人员应佩戴护目镜：压力试验作业项目管理单位安全部门负责人（未设置安全部门时，为安全管理人员）。

(14) 应急交通工具、通信工具、医疗救护设备等应准备到位：压力试验作业项目管理单位安全部门负责人（未设置安全部门时，为安全管理人员）。

(15) 视频监控已落实：压力试验作业项目管理单位安全部门负责人（未设置安全部门时，为安全管理人员）。

(16) 其他补充安全措施：压力试验作业项目管理单位安全部门负责人（未设置安全部门时，为安全管理人员）。

(17) 压力试验作业单位对安全措施确认人由作业单位现场负责人指定。

(18) 压力试验作业单位意见：作业单位现场负责人。

(19) 力试验作业项目管理单位领导意见：作业许可证签发人。

(20) 完工验收：压力试验作业项目管理单位和作业单位现场监护人。

(21) 对于列举的主要安全措施，若确认没有该项措施，在该措施的序号处打"×"，但确认没有该项措施的人员必须签字。

(22) 当作业压力试验作业项目管理单位签字人选不能满足上述指导意见时，由作业许可证签发人指定项目管理单位现场人员签字确认相关安全措施。